环境工程中的纳米零价铁水处理技术

王向宇　著

北　京

冶 金 工 业 出 版 社

2016

内 容 提 要

本书主要介绍了纳米零价铁及铁基双金属颗粒的合成和表征的基本技术，作者结合有效提高纳米零价铁活性、稳定性及迁移性的表面修饰、分散改性、绿色合成和固定化最新技术，分别介绍了纳米铁对水中各类污染物（包括氯代有机物、染料、抗生素等）的处理机制、反应机理和反应动力学模型修正理论。

本书可供从事环境科学与工程、材料工程、化学和化工等专业的师生使用，也可供从事相关领域的科研人员参考。

图书在版编目(CIP)数据

环境工程中的纳米零价铁水处理技术／王向宇著．—北京：冶金工业出版社，2016.10
ISBN 978-7-5024-7332-7

Ⅰ．①环…　Ⅱ．①王…　Ⅲ．①纳米材料—应用—工业废水处理　Ⅳ．①X703

中国版本图书馆 CIP 数据核字(2016)第 236798 号

出 版 人　谭学余
地　　址　北京市东城区嵩祝院北巷 39 号　邮编　100009　电话　(010)64027926
网　　址　www.cnmip.com.cn　电子信箱　yjcbs@cnmip.com.cn
责任编辑　郭冬艳　美术编辑　彭子赫　版式设计　彭子赫
责任校对　禹 蕊　责任印制　李玉山
ISBN 978-7-5024-7332-7
冶金工业出版社出版发行；各地新华书店经销；北京虎彩文化传播有限公司印刷
2016 年 10 月第 1 版，2016 年 10 月第 1 次印刷
169mm×239mm；10.25 印张；199 千字；153 页
45.00 元

冶金工业出版社　投稿电话　(010)64027932　投稿信箱　tougao@cnmip.com.cn
冶金工业出版社营销中心　电话　(010)64044283　传真　(010)64027893
冶金书店　地址　北京市东四西大街 46 号(100010)　电话　(010)65289081(兼传真)
冶金工业出版社天猫旗舰店　yjgycbs.tmall.com
　　　　　　　（本书如有印装质量问题，本社营销中心负责退换）

前　言

近年来，随着纳米技术日新月异的发展，各种纳米材料被广泛应用于环境修复和污染净化领域，纳米零价铁还原技术是一门飞速发展的新兴环境修复技术，与传统的还原剂相比，纳米零价铁材料比表面积大、反应活性高、还原能力超强、处理效率高、速度快，可以制备成悬浮液直接注入受污染土壤和水中，因此在环境修复和水体净化方面，具有常规材料无法比拟的优势，已成为国际上环境修复领域炙手可热的研究方向之一。纳米铁技术在水污染治理方面是可以提供具有低成本、高效率解决方案的一项新技术，已受到越来越多的关注，其在环境保护和污染控制中的作用与贡献越来越突出，关于纳米零价铁技术的新理论、新技术及新方法层出不穷，因此，了解纳米零价铁技术的发展动态，加强对纳米零价铁材料的特性、制备原理及方法的学习，掌握纳米零价铁科技的最新前沿发展动态就显得十分重要。

纳米零价铁技术涉及知识面广，又具有很强的学科交叉性，在环境工程领域里的应用充满着学术方面的创新性及技术方面的挑战性。本书作者长期从事纳米零价铁技术及其在水处理方面的应用研究，本书提供了大量纳米铁及铁基双金属颗粒的制备方法、材料表征技术，探讨了有效提高纳米零价铁活性、稳定性及迁移性的表面改性技术、绿色合成技术、分散固定技术及其在催化还原去除水中各类难降解污染物方面的具体应用方法，具有很高的学术价值。

本书是作者基于对多年来从事环境功能纳米材料及水处理新技术研发科研成果，进行不断的总结提炼、修改补充及完善而成的。在撰写本书过程中，为获得前沿性的科技信息，作者阅读了大量国内外相关的文献资料及专著，力图将纳米零价铁技术及其在环境工程中的应用以条理清楚、结构严谨的专著形式奉献给广大读者。本书具有以下特色：

（1）本书内容新颖，知识系统，重点突出。在阐述零价铁技术基础知识、基本理论的同时，注重纳米铁科技的研究进展及最新成果介绍，体现基本理论与研究实践相结合的特色。

全面系统地介绍了纳米零价铁材料和纳米零价铁技术在环境修复

和净化方面的各种最新研究进展与应用，内容涵盖纳米零价铁及铁基双金属颗粒的合成和表征的基本技术，结合纳米零价铁的表面修饰、分散改性、绿色合成和固定化最新技术，分别介绍了纳米铁对水中各类污染物（包括氯代有机物、重金属、染料、抗生素等）的处理机制、反应机理和反应动力学模型修正理论。

（2）本书关于纳米零价铁技术的介绍由浅入深，循序渐进，同时兼具基础性和系统性，以适应相关专业背景的读者群。

本书反映了零价铁纳米材料的基本特点和最新研究进展，有利于读者对纳米零价铁技术新知识的学习、拓展及延伸。本书共7章，主要内容包括：第1章重点介绍了纳米铁的表面改性及其对水中污染物去除的研究进展及最新成果。第2章涉及以聚电解质、表面活性剂和聚合物修饰型纳米钯/铁双金属颗粒的制备及其脱氯性能。第3章主要介绍了新型纳米零价铁的绿色合成和改性技术。第4章主要介绍了绿茶合成纳米零价铁方法及其对水中染料的脱色。第5章主要介绍了对纤维素改性纳米零价铁的合成方法及其对染料的脱色降解。第6章主要介绍了负载型纳米零价铁及其含铁双金属颗粒降解氯代有机物研究。第7章主要论述纳米铁强化复合技术在水污染治理的应用。

（3）本书图文并茂，结构清晰，理论联系实际。为了使读者能够对书中各章所涉及纳米零价铁技术内容有进一步深入了解，书中对重要的概念、材料表征结果、应用实例等内容，均配以大量丰富的图表、表征照片、谱图和示意图，同时所有引用的参考文献均注明出处，便于查阅。另外，为了便于阅读及掌握章节中的相关内容，本书中涉及的专业词汇及其缩写在附录中加以逐一说明。

本书的研究内容得到国家自然科学基金项目（No.51368025）的支持，在此表示感谢！在编写过程中，作者阅读了大量的相关文献资料，同时参考本人所指导的研究生的论文，以及部分公开发表的研究成果，并在文中做了相应的引用标注，作者向本书中引用文献的所有作者表示深深的谢意！

因作者水平所限，写作时间仓促，书中不当之处，作者悉心接受各位专家同行和广大读者的批评指正。

作　者

2016年6月

目　　录

1 纳米铁的表面修饰改性及其对水中污染物去除

1.1 纳米零价铁技术

纳米铁是指粒径在 1～100nm 范围内的 Fe^0 颗粒，利用纳米铁的小尺寸效应和表面效应，旨在提高其对污染物的降解效率的催化还原降解技术应运而生。但纳米铁易团聚、易被氧化，采用一定的改性方法提高纳米铁颗粒的分散度和反应活性是目前较为有效的手段，已成为零价铁应用技术的前沿研究热点，呈现出欣欣向荣的应用前景[1]。20 世纪 80 年代末以来，零价金属作为一种有效的脱卤还原剂逐渐受到人们的关注。研究者通过比较多种零价金属（铁、铜、锌、铝和镁等）对氯代有机物的降解效果，发现零价铁和锌的脱氯效果相对较好，铜的还原能力较差因而降解效果不好，而镁则与铜相反，因还原能力过强而导致其在水中大量析氢，从而使其对氯代有机物的降解能力下降。铝的还原性虽然比铁强，但由于其表面极易生成氧化膜，故而其对氯代有机物的降解能力弱于铁。综合上述分析，在这几种零价金属中，零价铁对氯代有机物降解效果是最好的，且不会对环境产生二次污染。零价铁还原脱氯技术的提出为氯代有机物的处理提供了一种新的途径。目前廉价、简单的零价铁金属还原脱氯技术已经成为环境修复的一种革新技术。

1.1.1 零价铁脱氯技术机理

在水溶液中 Fe-H_2O 体系的半电池反应为：

$$Fe^{2+} + 2e \longrightarrow Fe, \quad \varphi^{\ominus}_{Fe^{2+}/Fe} = -0.44V \tag{1-1}$$

氯代烃的半电池反应为：

$$RCl + 2e + H^+ \longrightarrow RH + Cl^- \tag{1-2}$$

若反应体系 pH = 7，则反应式（1-2）的标准电极电势 $\varphi^{\ominus}$ 处于 +0.5～+1.5V。因此从热力学理论分析 Fe 能够将水中的氯代烃还原脱氯。合并反应式（1-1）和反应式（1-2），得到如下反应式：

$$Fe + RCl + H^+ \longrightarrow Fe^{2+} + RH + Cl^- \tag{1-3}$$

在 Fe 对 RCl 的脱氯反应中，水亦可作为氧化剂参与反应：

$$2H_2O + 2e \longrightarrow H_2 + 2OH^- \tag{1-4}$$

如果在厌氧条件下进行脱氯反应，Fe 在水中的腐蚀可用下式表示：

$$Fe + 2H_2O \longrightarrow Fe^{2+} + H_2 + 2OH^- \tag{1-5}$$

若水中含溶解氧，会有如下反应：

$$O_2 + 2H_2O + 4e \longrightarrow 4OH^- \tag{1-6}$$

溶解氧的存在能够加速 Fe 的腐蚀，见反应式（1-7）：

$$2Fe + O_2 + 2H_2O \longrightarrow 2Fe^{2+} + 4OH^- \tag{1-7}$$

由于反应式（1-4）至反应式（1-7）会导致反应体系 pH 值的增加，而随着 pH 值的增加，生成的氢氧化铁沉淀亦增加，最终铁表面会完全被氢氧化铁的钝化层覆盖，从而不利于铁的进一步腐蚀。总之，在 Fe-H₂O 体系中共有三种还原剂，即 Fe、Fe^{2+} 和 H_2，它们所涉及 Fe^{2+} 的半电池反应为：

$$Fe^{3+} + e \longrightarrow Fe^{2+}, \quad \varphi^{\ominus}_{Fe^{3+}/Fe^{2+}} = 0.771V \tag{1-8}$$

氯代烃被 Fe^{2+} 还原换脱氯的反应式可写成：

$$2Fe^{2+} + RCl + H^+ \longrightarrow 2Fe^{3+} + RH + Cl^- \tag{1-9}$$

氯代烃被 Fe 腐蚀产生的 H_2 还原脱氯的反应式为：

$$H_2 + RCl \longrightarrow RH + H^+ + Cl^- \tag{1-10}$$

研究结果表明氯代烃还原最有可能符合式（1-3），若反应体系中不存在有效的催化剂，氢就无法起到还原作用。Deng 等[2]也通过加入能与 Fe^{2+} 形成络合物的试剂，证明 Fe^{2+} 参加还原反应的数量很有限。零价铁对氯代烃的脱氯还原反应机理可用图 1-1 表示。

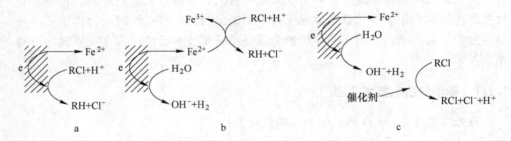

图 1-1 缺氧 Fe-H₂O 体系中还原脱氯的反应途径

a—Fe 表面由 Fe 到 RCl 的直接电子转移；b—RCl 被 Fe 腐蚀产生的 Fe^{2+} 还原；
c—RCl 被厌氧条件下 Fe 腐蚀生成的 H_2 还原

1.1.2 零价铁脱氯技术的应用

近年来，各国科学家广泛开展的利用廉价金属铁及其化合物对氯代有机物进行脱氯降解的处理已成为一个非常活跃的研究领域。从热力学角度考虑，零价铁能还原去除很多污染物。零价铁被广泛应用于降解氯代有机物的研究中，已有报道利用零价铁还原降解的氯代有机物有四氯化碳（CT）、氯仿（CF）、二氯甲烷、三氯乙烯（TCE）、四氯乙烯（PCE）、顺-二氯乙烯（cis-DCE）、反-二氯乙烯（trans-DCE）、1，1-二氯乙烯（1，1-DCE）、氯乙烯（VC）、多氯联苯（PCBs）、DDT、DDD、DDE、莠去津，乙酰替苯胺类除草剂 alachlor 和 metolachlor 及卤乙酸类物质[3~9]。此外零价铁还可用于处理有机氯农药，Sayles 等[10]研究了三种氯代有机农药（包括 DDT、DDD 和 DDE）的还原转化，表明零价铁对三种氯代有机农药都有脱氯降解的作用。零价铁还原法由于原料来源广泛，具有潜在的经济价值，因而被广泛研究，而且已经有实际应用的例子[11~14]。

零价铁技术可用于修复受到污染的含水层，通过设置渗透反应格栅（Permeable Reactive Barrier，PRB），在格栅中使用零价铁作为还原剂，对水体中氯代烃还原脱氯，渗透反应格栅一般设在地下水污染源的下游，格栅的走向与地下水的流向相垂直，受污染的地下水流过 PRB 后其中的污染物浓度降低。格栅按照其结构形式的差异，可分为三种：

（1）隔水漏斗-渗透门式格栅，应用于埋藏浅的大型地下水污染羽状体，优点是反应介质的用量小，缺点是地下水的流场受到干扰；

（2）连续反应墙式格栅，应用于羽状体较小受污染地下水体，设计简单，对地下水流场的干扰小；

（3）灌注处理带式格栅，将反应物注入到含水层中，形成处理带。与异位修复不同，此法不需将受污染地下水抽出后的处理，因而日益受到关注。该方法又称为活性渗透界面技术，目前被成功应用于地下水的原位修复，在美国和加拿大等国家已有超过 20 处大、中型的零价铁修复系统（见表 1-1）[15~17]。

表 1-1 零价铁 PRB 技术原位修复地下水中 COCs 应用实例

安装地点	反应墙类型	安装深度/m
加利福尼亚	隔水漏斗-渗透门	6.1
纽约	连续反应墙	4.6
安大略	连续反应墙	7.6
北卡罗来纳州	连续反应墙	12.2
堪萨斯	隔水漏斗-渗透门	9.0
西雅图	隔水漏斗-渗透门	

虽然 PRB 技术显示出对地下水体污染物的良好处理效果，但总的来看此领域的实际应用相对还较少，PRB 的长期行为或由沉淀造成的渗透性下降的实验数据很少，工程应用中还存在一些有待进一步研究的问题，如零价铁的失活，因为一地下水体中存在一定浓度的溶解氧和其他氧化物，使得零价铁表面钝化，同时若大规模应用于水体修复成本较高，针对不同的受污染水体的温度、深度和流速

等特征，需要设计出不同的零价铁投加量、投加方式、投加频率，即在可行性的基础上，考虑实际的应用方式。我国地下水环境的污染问题不容忽视，地下水中往往包含氯代烃、有机氯农药等污染物，污染点呈分散的状况，零价铁脱氯技术将会是一项经济、高效、安全的技术，伴随着这项技术的不断完善和成功应用及推广，必将会给我国的水中氯代有机物污染的处理带来新的希望[18]。

1.1.3　纳米铁脱氯的应用进展

但是普通铁粉修复技术受 pH 值影响很大，反应也不够快，而且反应产物或铁腐蚀物易附在铁粉表面阻止反应进行，因此要求必须有足量的铁粉投加量才能起到较好的处理效果。近年的研究发现，纳米零价铁颗粒能有效转化多种环境污染物，具有解决这些问题的潜力。纳米颗粒粒径小（1～100nm），可被地下水流有效传递，并且能够长期保留在悬浮液中，因而可灵活应用于地下水和土壤污染的原位和异位修复[19,20]，在国外甚至被认为是最有应用前景的饮用水消毒副产物去除技术及其他环境介质中氯代有机污染物治理技术之一。由于纳米铁比表面积大、活性高、反应快，而且受 pH 值影响比普通铁粉小，能有效除去环境中许多用常规化学方法或微生物难降解的污染物，因此以纳米铁代替普通铁粉用于氯代有机物的去除的研究已成为热点[21,22]。梁震等[23]做了纳米铁颗粒和普通铁粉对氯代有机物还原脱氯的对比实验研究，结果表明，在 1.5h 内三氯乙烯（TCE）几乎全部被纳米铁还原脱氯，而普通铁粉在 3h 内只还原 10% 的 TCE，证明纳米铁的反应活性比普通铁高很多。Lien 等[24]研究了纳米铁脱氯降解 6 种氯乙烯类的化合物，实验表明向 20mg/L 的氯乙烯溶液中投加 5g/L 的纳米铁，在 90min 内氯乙烯被全部还原，产物主要是乙烷。纳米铁在地下水的原位修复中的优势已逐渐体现出来，利用纳米铁修复地下水已经成为一门新技术。

对于纳米铁用于修复地下水的研究，国外做得最多的是有关氯代有机物的修复问题，纳米铁在地下水污染修复中的独特优势是很明显的，看好其应用前景。很多研究表明纳米铁之所以比普通铁粉反应快是因为它的比表面积大，与污染物接触面大。但由于纳米铁粒子小、活性强、易聚结、易氧化，必须隔绝氧，而且不易保存，成本高，这使得该项技术难以推广，有鉴于此，针对该技术的研究中除了考察它对其他污染物的去除效果外，更应该侧重于纳米铁本身性质的改进上。所以，在今后的研究中可能的重点方向主要有：

（1）在制备过程中采用某种修饰方法如加表面活性剂将纳米粒子包裹起来，隔绝氧，使纳米铁能置于空气中而不发生变化，而且能长期保存，同时找到更简便易行的制备纳米铁的方法，从而降低成本；

（2）制备更细的纳米铁粒子，进一步增大其表面积，从而加快反应；

（3）制备两种或两种以上的复合纳米金属粒子，选择适当的质量比，其他粒子起催化作用或与铁形成原电池，加快铁对污染物的去除；

（4）对多种污染物进行同时修复，即复合污染修复，研究不同污染物间的协同和拮抗作用，以提高处理效率。

1.1.4　双金属颗粒对氯代有机物的催化还原脱氯技术

零价铁技术面临着以下挑战：金属铁对某些氯化物反应性较低，降解不完全，生成的含氯产物，有的毒性较大（如 VC，cis-DCE）；随着时间的推移，金属铁表面惰性层或金属氢氧化物的形成，使铁的反应性降低。零价铁还原某些有机卤化物，其毒性可能比原污染物更强，且难于被铁继续降解[25~29]。而一些不活泼的金属比如铜、镍、银等可以与零价铁组成双金属体系，加速反应的进行。为了提高铁的反应活性、延长金属铁的使用寿命，科研工作者们尝试引入第二种金属，与铁构成双金属颗粒，用二元金属（如钯/铁、镍/铁等）进行脱氯降解[30~34]。钯、镍、钌等金属都是良好的加氢催化剂，它们在氢的转移过程中起重要作用[35~38]。它们作为过渡金属均有空轨道，能与氯代有机物中的氯元素的 p 电子对或有双键有机物的 π 电子形成过渡络合物（如 Pd⋯Cl⋯R 或 Ni⋯Cl⋯R），降低脱氯反应的活化能。

钯对 H_2 有良好的吸附效果，常温下 $1cm^3$ 钯可吸附约 1000mL 的 H_2，最大吸附量可达 2800mL，而且钯能够很快地将吸附在其表面的 H_2 分解为还原性更强的原子 H。最先将钯用于还原脱氯的是 Muftikian 等[39]，贵金属钯被证明是良好的加氢催化剂，钯的加入大大促进了还原脱氯的速率[40~44]。钯/铁降解某些氯代有机物仅需几分钟，而金属铁则需几小时或几天，有的研究者通过合成纳米级的零价铁和钯/铁来迅速完全地降解 TCE 和 PCBs[45~50]。Grittini 等[51]研究证明，使用钯/铁双金属体系在常温常压下就可以使 PCBs 还原脱氯，经检测反应产物为联苯和氯离子。而在另一组对照实验中，使用没有钯化的铁，结果没有检测到联苯的生成，证明钯在钯/铁双金属体系还原多氯联苯过程中起到了非常重要的作用。钯可能起到了富集铁腐蚀过程中产生的 H_2，并催化加氢脱氯反应进行的作用。

钯/铁双金属体系的高反应活性是由于存在三个反应步骤：

（1）Fe 在水中的腐蚀产生了 H_2；

（2）H_2 被 Pd 吸附并在嵌入的晶格中形成强还原性物质 $Pd \cdot H_2$；

（3）$Pd \cdot H_2$ 对吸附在 Pd/Fe 双金属表面的氯代烃（RCl）脱氯[52]。

纳米钯/铁双金属颗粒对氯代有机物催化还原脱氯反应基本历程见式（1-11）~式（1-15），见图 1-2：

（1）
$$Fe + 2H^+ \longrightarrow Fe^{2+} + H_2$$
（1-11）

（酸性溶液）

$$Fe + 2H_2O \longrightarrow Fe^{2+} + H_2 + 2OH^- \qquad (1-12)$$
$$（碱性或中性溶液）$$

(2) $\qquad Fe + RCl + H^+ \longrightarrow RH + Fe^{2+} + Cl^- \qquad (1-13)$

$$Pd + RCl \longrightarrow Pd\cdots Cl\cdots R \qquad (1-14)$$

(3) $\qquad Pd\cdots Cl\cdots R + H_2 \longrightarrow RH + H^+ + Cl^- + Pd \qquad (1-15)$

纳米级零价铁或钯/铁双金属颗粒具有高比表面积（33.5m²/g）以及表面反应活性，因而比普通金属铁脱氯速率快。特征反应速率常数 $K_{SA}(L/(h \cdot m^2))$ 比普通铁高 10~100 倍。用纳米钯/铁双金属颗粒处理乙烯氯化物时不产生有毒副产物，处理四氯化碳时产生的含氯产物（二氯甲烷）的产率不到 Aldrich Fe 的 1/3。另外，纳米铁颗粒可以被注入被污染的土壤中，对沉积物或蓄水层进行原位修复，以替代传统的铁反应墙或将地下水抽出后进行治理的方法。纳米金属/双金属颗粒以及非纳米级金属颗粒对氯代有机物的降解效果见表 1-2。由表可知，纳米钯/铁双金属颗粒对氯代有机物的降解效果优于纳米铂/铁双金属颗粒、纳米镍/铁双金属颗粒、纳米铁颗粒及非纳米级金属颗粒。

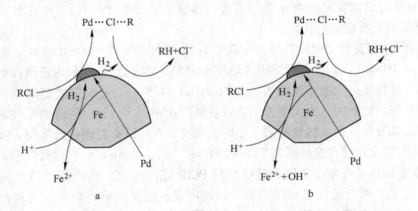

图 1-2 钯/铁双金属颗粒对氯代有机物催化还原脱氯机理图
a—酸性溶液；b—中性或碱性溶液

1.2 纳米铁的制备方法

近年来，对纳米铁颗粒的制备工艺与过程及其微观结构与性能表征等的研究越来越受到众多科研工作者的重视，并取得了许多新的进展。其制备方法通常分为物理法和化学法两大类。物理法是指以物理过程为主，采用光、电等技术使普通粒径的铁粉在真空或惰性气氛中气化，然后在冷却过程中凝聚成超微纳米铁颗粒（如物理气相沉积法），还包括机械球磨等以力学过程为主的制备技术（如深度塑性变形法、高能机械球磨法等）。化学法是指以化学反应为主，从分子、原子或离子角度实现金属铁的超细化，其中，采用强还原剂（如 KBH_4、$NaBH_4$、N_2H_2 或醇类有机物）还原金属离子制备纳米金属颗粒的液相还原法，在一定程度上克服了颗粒易被氧化及反应活性低等缺点，已在实验室基础研究和工程应用研究中得到了广泛推广。

表 1-2　不同金属或双金属对氯代有机物的降解效率[53]

COCs	浓度 /mg·L⁻¹	金属颗粒	投加量 /g·L⁻¹	反应时间 /h	降解效率 /%
PCE	20	纳米钯/铁	5	1.5	100
	20	纳米钯/铁	20	<0.25	100
	20	纳米铁	20	2~3	100
	20	铁	20	3	0
	20	铁	800	142	38
TCE	20	纳米钯/铁	5	1.5	100
	20	纳米钯/铁	20	<0.25	100
	20	纳米铂/铁	20	0.85	98
	20	纳米钯+铁	20	1	100
	20	纳米铁	20	1	100
	20	纳米钯	20	3	0
	20	钯/铁	20	2	100
	20	钯/锌	20	20	90
	20	铁	20	3	0
	20	锌	20	56	7
t-DCE	20	纳米钯/铁	5	1.5	100
	9.7	纳米钯/铁	100	<0.33	100
	9.7	纳米镍/铁	100	2	98
	9.7	纳米铁	100	5	40
c-DCE	20	纳米钯/铁	5	1.5	100
	20	纳米钯/铁	20	1	100
	20	纳米铁	20	2~3	100
	20	铁	20	3	0
VC	20	纳米钯/铁	5	1.5	100
	20	纳米钯/铁	20	1.5	100
	20	纳米铁	20	2~3	100
	20	铁	20	3	0

COCs	浓度 /mg·L^{-1}	金属颗粒	投加量 /g·L^{-1}	反应时间 /h	降解效率 /%
CP	40	纳米钯/铁	6	5	92.2
	40	纳米铁	6	5	20
	40	钯/铁	6	5	0
	40	铁	6	5	0
2,4-DCP	20	纳米钯/铁	6	5	91.6
	20	纳米铁	6	5	12.7
PCBs	5	纳米钯/铁	50	17	100
	5	纳米铁	50	17	<25
	5	铁	50	17	0
芳香族氯代有机物的混合物	10	纳米钯/铁	50	24	90
	10	纳米钯/铁	50	48	100

1.2.1　物理法制备纳米铁

物理法制备纳米铁包括物理气相沉积法、高能球磨法和深度塑性变形法。物理气相沉积法是通过真空蒸发、激光加热蒸发、电子束照射或溅射等方法先将原料气化或形成等离子体，然后在介质中急剧冷凝从而得到纳米铁。该方法制备的纳米铁颗粒纯度高、结晶组织好，能够作到对颗粒粒度的控制，但是对设备的要求相对要高些，并且要求苛刻的操作条件。高能球磨法是一个无外部热能供给的高能球磨过程，即是一个将大颗粒变为小颗粒的方法，其原理是把金属粉末在高能球磨机中长时间运转，将回转机械能传递给金属粉末，并在冷态下反复挤压和破碎，使之成为弥散分布的超细粒子。该法是目前制备纳米金属铁颗粒的主要物理方法之一。深度塑性变形法是近几年发展起来的一种独特的纳米材料制备方法，将铁在准静态压力的作用下发生严重塑性变形，从而将铁颗粒的晶粒尺寸细化到亚微米级或纳米级。物理法制备纳米铁颗粒的优点是工艺简单、制备效率高并且成本低，其缺点是制备过程中易引入杂质导致颗粒纯度不高，颗粒粒径分布不均匀。

1.2.2　化学法制备纳米铁

化学法制备纳米铁包括化学还原法、热解羰基铁法、微乳液法和电沉积法。目前用于还原脱氯的纳米铁普遍是用液相还原法制备的。液相还原法是在液相体系中采用强还原剂如 KBH$_4$、NaBH$_4$ 或 N$_2$H$_4$ 等还原剂对金属离子进行还原制得纳米铁颗粒。王翠英等[54]报道了在表面活性剂存在下于乙醇-水的简单液相体系中以 KBH_4 为还原剂来还原 $FeCl_2$ 制备纳米铁金属颗粒。然后再用含镍盐的修饰溶液进行原位粒子的电化学修饰，形成性能稳定的以金属铁核为中心的多层复合的纳米结构。Gibson 等在超声激活下用水合肼（$N_2H_4 \cdot H_2O$）还原低价的 Fe^{2+} 离子合成出纳米铁微粒。有文献报道，Choukroun 等用有机金属还原剂 $V(C_5H_5)_2$ 将四氢呋喃（THF）悬乳液中的 $FeCl_2$ 还原，制得平均粒径为 18nm 的 α-Fe 纳米颗粒。曹茂盛等在热管炉中蒸发 $FeCl_2$ 晶体粉末，以 H_2 和 NH_3 作为还原剂的气相还原法制备纳米 α-Fe 超细粉末。该法制备的纳米铁颗粒粒径均匀、纯度高[55]。高树梅等[56]采用一种改进液相还原法制备纳米零价铁颗粒，通过添加高分子分散剂聚乙烯吡咯烷酮（PVP）和乙醇对纳米铁颗粒进行表面物理改性，其原理是通过分散剂吸附改变粒子的表面电荷分布，产生静电稳定效应、空间位阻作用和静电空间位阻稳定效应来达到分散效果，从而提高其在水溶液中分散性。采用该方法制备的纳米铁颗粒分散较均匀，平均粒径为 60nm（水溶液）和 40nm（乙醇-水混合溶液）。

1.3 纳米铁的改性技术研究进展

纳米铁因其体积效应和表面效应而在磁性、反应活性等方面显示出特异的性质，近年来受到人们的极大关注。但纳米铁颗粒的粒径小，表面能高，具有自发团聚的趋势，使得新合成的纳米铁颗粒易被氧化，且团聚现象严重（见图1-3）[57]，应用于原位修复则表现为易于吸附在土壤或沉积物的表面，传输性和稳定性差，且其造成的一系列地球化学性质的变化[2,58]是否会对生态环境造成不良影响尚不明确。因而，虽然纳米零价铁在原位修复方面（PRB 技术）表现出优于传统修复技术（如 ISCO、SRD、MNA 等[58]）的性能，可能只是基于短期利益。从长远来看，必须对纳米铁的分散性和反应活性进行改善，以满足可持续利用的要求。现阶段，纳米铁的改性方法大致可以分为三大类，即物理辅助法、化学添加剂法以及载体固定法。

1.3.1 物理辅助法

物理辅助法是指在纳米铁颗粒降解氯代有机物的过程中，为达到强化传质和表面反应、改善体系降解效果的目的，通过增强或减弱体系的某些

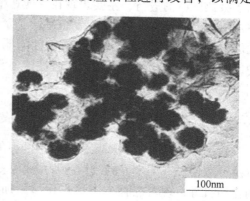

100nm

图1-3 纳米零价铁的 TEM 图像[57]

效应，创造一个较为理想的物理化学环境，而采用的一些辅助性措施（如搅拌、超声空化以及微波辐射等）。

　　研究表明，在一定范围内，机械或磁力搅拌作用可以有效克服质量传递方面的限制[59]，其在加速体系中的离子的运动，从而有利于纳米颗粒的生成以及加快生成的纳米铁颗粒间的相对运动速度，在一定程度上改善纳米颗粒聚集成团的缺点等方面发挥着重要作用。

　　环境领域中，超声波降解有机物的机理主要基于超声空化作用和由此引发的一系列自由基氧化反应。那娟娟等[60]、宋勇等[61]进行了超声波协同降解纳米铁降解氯代有机物的研究，结果表明，将超声波的空化作用和纳米铁的还原作用结合起来，充分发挥两者的作用，直接降解氯代有机物，可显著提高降解速率和降解程度。分析其协同作用机理：首先，纳米铁颗粒具有巨大的比表面积和丰富的表面活性位，吸附能力强，可将空化作用产生的小气泡吸附到纳米铁颗粒的表面。由于纳米铁的吸附，使空化气泡增多，促进了目标污染物不断从液相主体向空化气泡方向传递，并在纳米铁表面还原脱氯，同时，空化气泡产生的自由基不断向液相主体传递，水中 OH·自由基数量的增加也进一步促进了目标污染物的降解。其次，超声波产生的空化气泡在崩溃过程中产生强大的冲击波、微射流、振动、搅拌以及剪切力能够促进纳米铁表面的不断更新，在去除表面钝化层的同时，强化传质过程和表面反应过程。

　　另外，随着微波辐射技术的不断发展，其在环境修复方面的应用也吸引着越来越多研究人员的关注。微波辐射能够减弱各种化学键力，降低有机物激发的激发能，在纳米铁降解氯代有机物的体系中，微波可穿透处理溶液到达纳米颗粒表面，加速 H_2 的生成，从而提供更多的表面活性位。此外，随着反应的进行，沉降到底部的颗粒在 H_2 气泡的作用下重新悬浮于溶液中，使得反应体系中有效反应位的数量增加，促进体系吸收更多的微波能量[62]。其次，它较常规加热更有利于吸热反应的进行，主要表现在反应速率的提高及其反应选择性的增强。但微波加热具有选择性，邹学权等[63]进行了活性炭载铁和活性炭载铜在微波中脱氯性能研究，结果表明，前者的脱氯性能明显优于后者，这主要是由于研究体系中，铁及铁的氧化物具有较强的吸波能力，而铜却反射微波，因而，微波对炭载铜体系不能起到促进作用。

1.3.2　化学添加剂法

　　化学添加剂对纳米颗粒进行改性的目的主要在于控制纳米粒子的尺寸、形貌以及分散性。在纳米铁的改性过程中常常是多种添加剂联合作用，为了探明各自的作用机理，现对三种主要类别化学添加剂（即修饰剂、分散剂和助剂）分别进行阐述。

1.3.2.1 修饰剂

在纳米颗粒制备的过程中加入修饰剂的目的在于防止制得的纳米铁颗粒易被氧化。目前多采用另一金属（如 Ni、Pt、Ru、Pd、Ag、Cu 等）对纳米铁进行修饰改性，经修饰的纳米铁体系，主要基于电化学理论和过渡金属理论而发挥作用，如 Pd/Fe 双金属颗粒。一方面，在 Pd/Fe 双金属体系中，由 Pd（阴极）/Fe（阳极）形成的原电池促进了该体系中连续的电子传递过程；另一方面，贵金属 Pd 作为过渡金属具有空轨道，可以通过合适的前沿轨道，使其与有机氯化物中氯元素的 p 电子对或有双键有机物的 π 电子形成过渡配合物，充分削弱 C—Cl 键，降低脱氯反应的活化能，使得加氢脱氯反应得以进行。可见，纳米双金属比纳米铁拥有了更优异的性能，如更大的比表面积、更高的脱氯反应活性、稳定性以及更强的催化活性。

1.3.2.2 分散剂

分散剂主要基于静电稳定作用和空间位阻作用来控制纳米铁的分散性，达到减小粒径、增大比表面积、增加表面活性反应位从而提高体系的脱氯活性及效率的目的。目前，使用较多的分散剂主要有 3 种类型，即无机或有机电解质、表面活性剂以及聚合物。

首先，利用无机或有机电解质吸附在颗粒的表面，使颗粒产生静电排斥作用，可有效防止新生成的纳米零价铁颗粒由于范德华力或自身的磁力作用聚集成团[64]。

其次，利用表面活性剂的静电稳定作用和空间位阻作用及其形成胶束、反胶束、微乳液等特性，可发展多种改性纳米铁的合成方法，如模板法、微乳液法、溶胶-凝胶法以及水热法等。这些方法不仅能够较好地控制纳米颗粒的尺寸，还能起到较好的分散稳定纳米颗粒的作用。但表面活性剂对脱氯体系的利弊尚存在很大的争议。Cho 等[65]指出非离子型和阳离子型表面活性剂可提高脱氯率，阴离子型表面活性剂则降低脱氯率；而 Zhu 等[66]则认为，阴离子型和非离子型表面活性剂的浓度低于临界胶束浓度时，脱氯率缓慢增加，在临界胶束浓度以上时，二者的脱氯率均降低，这一点通过 Zheng 等[67]在非离子型表面活性剂 TX-100 存在下，采用 Cu/Fe 双金属降解 HCB 的研究中得到了证实。Zheng 指出 TX-100 的表面吸附可影响目标污染物从液相主体到纳米颗粒表面的传递，当 TX-100 的浓度超过临界胶束浓度时，TX-100 的存在就会抑制亲油物质到达表面反应位。产生这种现象的原因在于：当 TX-100 的浓度超过临界胶束浓度时，纳米金属表面有限的反应位被覆盖，与此同时，目标污染物被包覆在球形胶束的中心和层状胶束的夹层内，这两者共同作用，大大降低了目标污染物到金属表面的传质速率，最终影响了体系的脱氯性能；另外，由于 Pd/Fe 颗粒表面带负电荷[66]，一般而言，阳离子型表面活性剂可通过离子交换作用优先吸附在颗粒上，从而对脱氯体系起促进作用，如 CTAB（十六烷基三甲基溴化胺）。然而，阳离子型表面活性剂 DPC（十二烷基氯化吡啶）的存在却使得 Pd/Fe-水体系中 H_2 的生成量及 124TCB 的去除率显著低于参比的其他表面活性剂，表现出了较强的抑制作用。

由此可见，在脱氯体系中，表面活性剂与金属颗粒之间存在着十分复杂的竞争与协同作用机理。表面活性剂的存在是否有利于反应体系取决于目标污染物在固液界面的分布方式和数量，而这又取决于表面活性剂的浓度和金属离子的电荷共同决定的表面活性剂的吸附方向以及表面胶束的形成。基于现阶段的研究成果，可将其促进作用和抑制作用归纳为以下几点。

（1）促进作用表现为：

1）在纳米颗粒的形成过程中起到良好的分散稳定作用，有利于获得平均粒径较小的纳米颗粒；

2）降低固液界面的表面能，增强纳米颗粒的表面吸引力，进而增强其对目标污染物的吸附性；

3）一些两亲分子，如 NOM（天然有机物）不仅能够提高铁氧化物膜的溶解性，还能作为电子传递的媒介，加快目标污染物的还原脱氯[66]。

（2）抑制作用表现为：

1）与目标污染物竞争吸附反应位，或成为体系传质的物理障碍；

2）作为 H^+ 的竞争电子受体，抑制体系中 H_2 的生成，如 DPC 和 NOM[68]；

3）本身可与纳米颗粒反应，加速纳米颗粒的无效腐蚀，阻碍传质过程，如 DPC 可与 Pd/Fe 反应生成水包油型乳状液，又如阴离子型表面活性剂 SDS（十二烷基硫酸钠）可与 Pd/Fe 反应生成类似绿锈的次生矿物钝化 Pd/Fe 表面[66]；

4）使催化剂中毒，Zhu 等[66]指出 NOM 虽然可以提高 124TCB 在固液界面的吸附分配系数，但也抑制了脱氯反应，并最终导致 KrSt 和 kobs 的显著降低，而这最可能归因于 NOM 中还原态硫基团的存在而使 Pd 中毒失去活性。

最后，还可利用聚合物对纳米铁进行改性。聚合物分为聚电解质和非离子聚合物，其与金属离子之间的作用机理各不相同，主要涉及离子交换作用、螯合作用、静电稳定作用以及空间位阻作用等。

Parshetti 等[12,68]制备了 PEG/PVDF 和 PEG/nylon 66 膜负载纳米 Ni/Fe 双金属体系，对 TCE 进行还原脱氯，研究发现，聚乙二醇（PEG）两端的活性——两端基团有利于金属离子的吸附，它与金属离子间通过离子交换作用、螯合作用以及静电稳定作用来防止颗粒团聚，从而提高了纳米 Ni/Fe 的稳定性和反应活性。

Lin 等[69]基于 PAA（聚丙烯酸）和 CMC（羧甲基纤维素钠）制备了两种不同形式的纳米颗粒 PNZVI（9~15nm）和 CNZVI（40~100nm），并对比了两者在多孔介质中的移动性和稳定性，结果表明，两种颗粒的性能均有不同程度的提高，但 PNZVI 优于 CNZVI。造成这种差异的原因在于：虽然 PAA 与 CMC 所含的羧基都能够与金属离子以双齿架桥的形式成键，从而将制备纳米金属颗粒的前体 Fe^{2+} 均匀分散在"纳米反应器"中，并在还原剂（如 KBH_4、$NaBH_4$、醇、水合肼等）还原下迅速成核，最终得到稳定分散的纳米颗粒。但如图 1-4 所示，PAA 比 CMC 拥有更复杂的网络结构，能够提供更多的"纳米反应器"，它不仅能以双齿架桥形式锚定在纳米颗粒表面，过量的 PAA 还能通过氢键、缠绕以及交联作用形成凝胶网状结构，因而其空间位阻作用大大超过了 CMC。

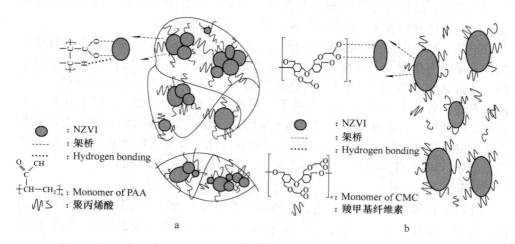

图 1-4 稳定化纳米零价铁概念图解

a—PNZVI；b—CNZVI[69]

Wang 等[57]使用 PMMA（聚甲基丙烯酸甲酯）涂覆的纳米铁颗粒对 TCE 进行还原脱氯，结果表明，PMMA 的应激性溶胀不受 pH 值、温度以及离子强度的影响，能在纳米铁表面形成亲油界面层，促进目标污染物（TCE）的吸附，同时还可抑制纳米铁在氧化条件下的腐蚀氧化。当 PMMA 受环境条件的激发（如目标污染物的浓度升高），会逐渐打通堵塞的结构，逐渐释放有效铁（见图 1-5），但 PMMA 也有可能成为质量传递和电子传递的障碍，并能与目标污染物竞争反应点位或非反应点位。

图 1-5 PNZVI 的应激性形态及可能的 TCE 转化机理示意图[57]

Sakulchaicharoen 等[8,64]分别以 PVP（聚乙烯吡咯烷酮）、CMC（羧甲基纤维素）以及 guar gum 为稳定剂制备了 Pd/Fe 纳米颗粒，研究发现，PVP-Pd/Fe 体系拥有最高的标准化表面速率常数。由于 PVP 是一种非离子型高分子化合物，其与 Fe^{2+} 的静电作用较弱，在还原条件下 Fe^{2+} 的成核作用很慢。因而可以推断，PVP 起作用的机理在于其所含的羰基能与金属离子（如 Fe^{2+}、Pd^{2+} 等）络合，产生空间位阻作用，从而达到分散的目的。另外，He 等[70]在合成纳米零价铁过程中添加了水溶性淀粉，制得了平均粒径为 14.1nm、比表面积为 55m²/g 的均匀分散的纳米零价铁颗粒，在较短的时间内就达到了理想的脱氯效果。He 指出，在该体系中，淀粉可与 Fe^{3+} 形成复合物，当 Fe^{3+} 被还原成核后，淀粉中的羟基钝化了纳米铁颗粒表面，从而有效阻止了纳米颗粒的团聚。

可见，聚合物对于控制纳米颗粒的大小、稳定性、反应活性以及移动性等都发挥着重要的作用，但值得注意的是，目前的研究大多基于实验室中的理想条件，若将其推广到实际应用中，可能还需要进行适当的调整。若在其合成、注射或含水层中有少量 O_2 存在时，为克服小粒径易于被氧化的缺点，应该在保证脱氯效果的前提下，选择粒径稍大的纳米颗粒；若溶液中存在对纳米颗粒脱氯体系产生抑制效应的物质[71]时，选择能将颗粒胶囊化，并随时间推移缓慢释放有效成分的聚合物（如 guar gum、PMMA 等），将是更为可行的方法。

1.3.2.3　助剂

在纳米铁的合成或降解氯代有机物的过程中加入助剂，如甲酸铵、甲醇、丙酮、乙醇、水等，能在一定程度上通过不同途径强化体系的脱氯性能，但仍然存在一些负面效应。

胡劲召等[72]研究了常温常压下 Fe^0 及其负载贵金属的多组分体系及其他条件对土壤中六氯乙烷还原脱氯效率的影响，结果表明，甲酸铵是 Fe^0 体系对六氯乙烷还原脱氯的良好助剂，随着甲酸铵用量的增加，体系的脱氯率也增加。其机理在于：一方面，甲酸铵属于酸性化合物，它在反应体系中的存在有助于保持反应所需的酸性条件；另一方面，在贵金属 Pd 的存在下，甲酸铵被催化而缓慢释放出 H_2。同时，该文献指出：甲醇能够提高六氯乙烷在土壤中的溶解度，但不能有效提高其在土壤中的还原脱氯率。

Engelmann 等[73]在采用双金属 Fe/Pd 和 Mg/Pd 同时降解 PCB 和 DDT 的实验中发现，添加一定量的有机溶剂丙酮，不仅能够保持 PCB 和 DDT 的溶解度，还能对金属的腐蚀起一定的缓和作用。但有机溶剂的量过大又会影响萃取的效率，因而应根据实际情况确定一个最佳的配比。

1.4　纳米铁降解水中污染物的影响因素

纳米铁降解氯代有机物的体系主要由污染物、催化剂以及环境条件三大部分组成，涉及一系列的表面反应过程，包括吸附、表面化学反应以及脱附等。研究证实，反应体系中任一组分的变化均有可能对这些表面反应过程的发生与发展造成不同程度的影响，并最终影响体系的脱氯活性及其效率。

1.4.1 污染物的影响

污染物对反应体系的影响主要是指污染物的初始浓度、结构性质对其还原脱氯的影响。

周红艺等[79]考察了 m-DCB 的初始浓度在 20～50mg/L 时 Pd/Fe 对其的脱氯效果，结果表明，初始浓度对 m-DCB 脱氯的影响并不明显，这个结果与许多学者认为的零价铁脱氯反应遵循准一级反应动力学的观点不谋而合。然而，也有学者对此提出了质疑，刘菲等[80]发现初始浓度为 6.51mg/L 体系脱氯速率是初始浓度为 20.56mg/L 体系的 1.8 倍，即脱氯速率随初始浓度升高而降低，但不构成线性关系，其原因可能是由于金属表面的反应位是有限的，当这些反应位达到饱和时，污染物存在一个最大允许浓度，在最大允许浓度范围内，降解过程符合准一级反应动力学，而当污染物浓度高于极大值时，反应可能并不符合准一级反应动力学。

大量研究证实污染物的分子结构决定着催化脱氯反应的快慢，由于氯原子为吸电子取代基，随着氯原子数量的增加，碳原子上的电子云密度大大降低，化合物容易接受电子，也就容易被还原，且氯化程度越高，脱氯速率越快。当氯化程度相同时，氯代烷烃的脱氯速率快于氯代烯烃，氯代苯的脱氯速率快于氯代苯酚。吴德礼等[81]研究了氯代甲烷系列和氯代乙烷系列还原脱氯速率，结果发现，氯代甲烷系列中还原速率由大到小为 $CCl_4 > CHCl_3 > CH_2Cl_2$，氯代甲烷系列中为 1，1，1-三氯乙烷 >1，1，2，2-四氯乙烷 >1，2-二氯乙烷。前者表明随氯原子个数即氯化度的升高，脱氯速率加快；后者则进一步说明氯代烷烃的还原脱氯难易程度取决于单个碳原子的氯化程度，氯化程度越高，其还原脱氯越容易。但 Arnold 等[59]的研究却得到了相反的结果，该研究表明氯乙烯系列的反应活性随着氯化度的升高而降低，即 VC > DCE > TCE > PCE，他们认为此前的研究大多忽略了同类分子之间的竞争作用；由于检测器对不同物质的检测限存在差异，也使得各污染物反应速率常数之间的比较更为复杂；另外，若铁粉中的炭杂质以非反应吸附相存在，对实验结果也会造成一定的偏差。因而，大多数研究者的结果并不能有力地证明污染物的分子结构对反应产生的影响。

1.4.2 催化剂的影响

催化剂对体系的还原脱氯体系效果因其类型、投加量以及负载率的不同而不同。从理论上讲，由于脱氯反应是一系列表面反应过程，因而金属催化剂的粒度越小，比表面积越大，投加量越大，能够提供的活性 Fe^0 表面就越多，单位时间内的脱氯速率就越快。但催化剂的投加量并不是越大越好，那娟娟等[4]采用超声波/纳米铁协同降解氯代有机物的研究时发现，铁粉的投加量存在一个最佳量，超过这个最佳量，目标污染物与铁屑的接触面积反而会受到限制，且过量的铁粉削弱了超声波的搅拌分散作用，导致纳米铁颗粒聚结成团，活性表面减少，反应活性降低。

类似地，催化剂的负载率也存在一个最佳值：在一定范围内，氯代有机物的降解率与双金属的质量比即负载率呈正相关关系，但超过一定值后，则存在负相关关系。这主要是由于单金属 Pd 和 Ni 在体系中作为加氢催化剂而起作用，其本身对氯代有机物并无脱氯作用，若无限增大 Ni/Fe 或 Pd/Fe 质量比，那么过量的Ni、Pd 包围在 Fe 的表面，使得 Fe^0 的腐蚀释放电子的过程难以进行，H_2 的生成量也势必减少，脱氯所需的还原剂供应不足，反应变缓甚至停止。因而，寻找最优的双金属质量比仍然是下一步研究的重点。

1.4.3　环境条件的影响

环境条件如 pH 值、温度、共存物质等都在不同程度上影响着体系的反应动力学。其中，pH 值、温度过高或过低都不利于反应的进行，应根据实际情况调整。共存物质的影响主要是针对工程应用提出的，实际废水或土壤有着很强的特殊性和复杂性，环境因子的组成及其相互作用（竞争或协同等）在实验室条件下往往是无法模拟和预测的，大量其他物质（共存离子或微生物）的存在可能会对体系的还原脱氯过程产生不同的影响。Lim 等[71]研究阴离子对纳米 Pd/Fe 催化还原三氯苯的动力学和反应活性的影响。该研究根据阴离子对 Pd/Fe 降解124TCB 产生抑制效应的机理将其分为三大类。

（1）钝化表面。某些惰性物质（如磷酸盐、碳酸盐）一方面可沉积在铁表面，阻塞表面位点形成传质障碍；另一方面，也可能通过矿化作用改变铁表面的物质组成，导致表面还原位的活性降低。

（2）竞争反应位。一些氧化还原活性类物质（如硝酸盐，亚硝酸盐以及高氯酸盐等）能与 Fe^0 反应，降低有效 Fe^0 含量，使去除率降低。

（3）催化剂中毒。如硫化物、亚硫酸盐可通过一些复杂的作用使催化剂（如 Pd）中毒，使反应减缓甚至停止。

此外，为了考察 Ni/Fe 对于污染地下水原位修复的灵活性，Zhang 等[82]在Ni/Fe 还原 2,4-DCP 的体系中引入了不同浓度的腐殖酸（0，5mg/L，10mg/L，30mg/L 和 40mg/L），得到 2,4-DCP 的去除率分别为 100%、99%、95%、84% 和 69%，显然，腐殖酸对反应产生了抑制效应，其作用机理见图 1—6。由此可见，对环境条件的影响研究仍然是该技术大规模工程化应用的主要难题之一。

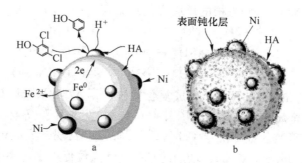

图1-6 腐殖酸存在下Ni/Fe还原2，4-DCP体系脱氯机理

a—反应时；b—反应后[82]

1.5 纳米零价铁对水污染治理研究热点

NZVI对氯代污染物降解的研究已经进行多年，近年来，该技术的发展趋势是将NZVI应用于降解水中溴代有机物、硝酸盐、重金属及染料等污染物。

1.5.1 溴代有机物

溴代有机物是卤代污染物的一大系列，研究发现NZVI具有的还原性能有效地对其降解，如，十溴联苯醚（DBDE）。Ni等[83]将Ni/Fe双金属纳米粒子负载到阳离子交换树脂上，在减少纳米粒子集聚现象的同时，有效地降解DBDE，在Ni的含量为9.69%时，其降解效率可达到96%。Fang等[84~87]研究了三种材料纳米镍/铁（Ni/Fe）、钢铁废水合成的纳米铁（S-NZVI）、将纳米铁负载于SiO_2/α-FeOOH形成的复合材料（SiO_2@FeOOH@Fe）对DBDE的降解。NZVI降解溴代有机物主要是通过NZVI与污染物之间的电子转移，其反应方程式见式（1-16）~式（1-18）[85]：

$$Fe^0 \longrightarrow Fe^{2+} + 2e \qquad (1-16)$$

$$C_xH_yX_z + zH^+ + ze \longrightarrow C_xH_{y+z} + zX^- \qquad (1-17)$$

$$2Fe^{2+} + RX + H^+ \longrightarrow 2Fe^{3+} + RH + X^- \qquad (1-18)$$

目前，NZVI对溴代有机物的降解研究并不是很多，对其作用机理的研究也不是非常透彻，溴代有机物作为卤代有机物中的一大系列，今后对其降解机理有待深入研究。

1.5.2 硝酸盐

硝酸盐是地下水的主要污染物，其来源主要是生活污水及农耕废水。可利用NZVI的还原性对含硝酸盐废水进行处理，将硝酸盐还原成亚硝酸盐、铵或进一步还原成氮气。NZVI 与硝酸根的反应方程式见式（1－19）~式（1－21）[88]：

$$Fe^0 + 2H^+ + NO_3^- \longrightarrow Fe^{2+} + H_2O + NO_2^- \tag{1－19}$$

$$3Fe^0 + NO_2^- + 8H^+ \longrightarrow 3Fe^{2+} + 2H_2O + NH_4^+ \tag{1－20}$$

$$2NO_2^- + 3Fe^0 + 8H^+ \longrightarrow 3Fe^{2+} + 4H_2O + N_2(g) \tag{1－21}$$

NZVI 负载到 Mg-氨基黏土上合成复合材料[89]、NZVI-聚合阳离子交换复合材料[90]、Fe/Ni 双金属负载到高岭土[91]、Cu^0-Fe/斜发沸石[92] 等材料都能有效地将硝酸盐还原成亚硝酸盐或 NH_4^+。Cai 等[91]的研究中发现，反应过程中形成的新的催化剂组合 Kaolin-Fe/Ni/Cu，增加的 Cu^0 活性点位促进了对硝酸盐的还原。由 Pan 等[93]的研究中可以发现在紫外光照射下合成了 TiO_2/Fe^0 纳米复合材料能有效地去除水中的硝酸盐。不同的 $m(TiO_2)/m(Fe^0)$ 质量比，其产物中 NO_2^-、NH_4^+、N_2 所占的比重不同，当质量比为 1：10 的时候，N_2 所占比重最大。

1.5.3 重金属

NZVI 的高还原性还能应用到对重金属的处理中，尤其是对水中重金属 Cr^{6+} 的去除，NZVI 与 Cr^{6+} 的反应式见式（1－22）[94]：

$$8H^+ + CrO_4^{2-} + Fe^0 \longrightarrow Fe^{3+} + Cr^{3+} + 4H_2O \tag{1－22}$$

NZVI 去除 Cr(Ⅵ) 主要通过吸附和还原的机理被去除。利用 NZVI 还原 Cr(Ⅵ) 的研究中，分散剂改性的 NZVI 去除 Cr(Ⅵ) 的较少，更多的还是负载型改性的 NZVI 去除 Cr(Ⅵ)。负载基质也多种多样，如，Wu 等[94]将 NZVI 负载到活性炭上去除 Cr(Ⅵ)，研究中还发现合成的复合材料形成 $C-Fe^0$ 微电解，促进对 Cr(Ⅵ) 的去除；Liu 等[95]合成 NZVI-浮石复合材料去除 Cr(Ⅵ)，还原机理如图 1－7 所示；Petala 等[96]将 NZVI 负载到介孔 SiO_2 材料上去除 Cr(Ⅵ)。

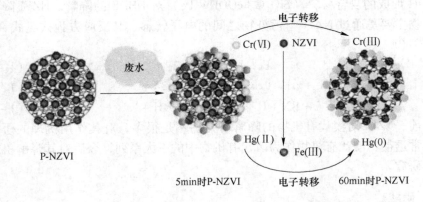

图 1－7 P-NZVI 还原 Hg(Ⅱ) 和 Cr(Ⅵ) 的机理[95]

最新的研究有利用 Fe_3O_4 的磁性，与 NZVI 合成复合材料，利用磁性和还原性去除 Cr（Ⅵ）。Lü 等[97]将 NZVI 装配到磁性 Fe_3O_4/石墨烯上，反应过程中形成的 NZVI-Fe_3O_4 微电池可促进 Cr（Ⅵ）的去除。复合材料对 Cr（Ⅵ）的去除符合假二级反应动力学，其中吸附是控速步骤。

NZVI 除了能有效去除水中重金属 Cr（Ⅵ）外，还能去除水中的铅、镉、砷。周娟娟等[98]将 NZVI 负载到活性炭上，合成的复合材料能有效地去除水中的 As^{3+}。Tandon 等[99]将 NZVI 负载到蒙脱石 K10 上合成去除水中的 As^{3+}，去除率可达到 99%；Huang 等[100]用电喷射方法处理 NZVI，经过电喷射处理后的 NZVI 能有效提高水中 Pb^{2+} 的去除率，未经处理的 NZVI 对 Cd^{2+}、Cr^{6+} 和 Pb^{2+} 都有一定的去除率。Vernon 等[101]用 NZVI 通过还原和吸附作用去除水中的 Hg^{2+}，还原的 Hg^0 最终被挥发。其水溶液中溶解汞与金属及腐蚀铁颗粒之间的相互作用示意图如图 1－8 所示。

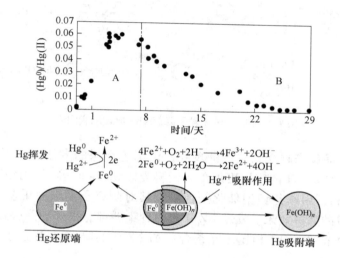

图 1－8　水溶液中溶解汞与金属及腐蚀铁颗粒之间的相互作用示意图[101]

从以上内容可以发现，在对重金属的去除研究中，可充分利用 NZVI 的磁性等各种金属性能。用 NZVI 去除重金属是重金属污染治理的一个有效方式，而在现有的研究中，用 NZVI 去除 Cr（Ⅵ）居多，对其他重金属去除在未来研究当中还有很大的发展前途。

1.5.4　染料

NZVI 不仅可以用来处理卤代污染物、重金属等，还可以用来对染料进行脱色降解。纳米材料 NZVI 近年来被广泛应用到对染料废水的处理当中，常见的染料去除有甲基橙、甲基蓝、橙黄Ⅱ号等，对染料的研究中大多数为偶氮染料。

NZVI 降解偶氮染料的机理主要是将偶氮染料结构中一个或多个—N ＝N—裂

解，—N≡N—裂解后，偶氮染料被降解、脱色。Luo 等[102]将 NZVI 负载到钠板石上，NZVI 负载后能对 orange Ⅱ高效脱色，效率达到 100%。染料结构中含—N≡N—的数目对降解速率也有很大的影响，染料中，含—N≡N—越多，结构越稳定，越难被降解。Lin 等[103]用 Fe/Ni 双金属纳米颗粒降解 4BS，最高降解效率可达到 98.28%，其降解示意图如图 1 - 9 所示。通过与 Orange G 对比发现，由于 4BS 含有两个—N≡N—，其降解速率相比更慢一点，说明，当染料中含有的—N≡N—键越多，越难被 NZVI 降解[104]。

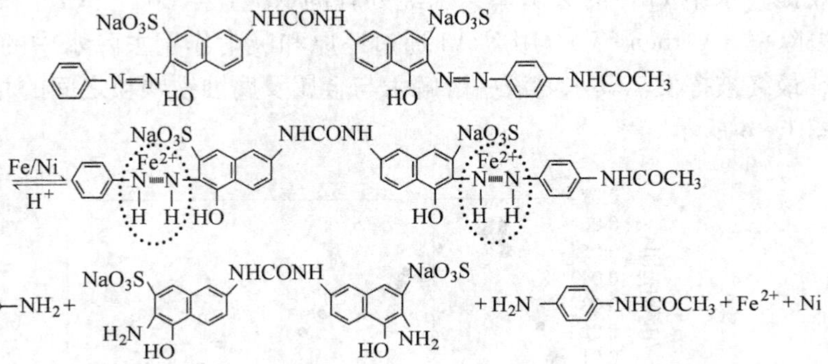

图 1 - 9　Ni/Fe 纳米粒子降解 4BS 原理示意图[103]

　　在绿色产品越来越受到关注的现在，以绿色环保的方法制备 NZVI 的过程也得以发展，使 NZVI 的应用更加受人们喜爱。Shahwan 等[105]用绿茶代替硼氢化物合成 NZVI，用作芬顿型催化剂，研究其对阴离子型染料甲基蓝和阳离子型染料甲基橙的降解效果。发现 NZVI 对两种染料都有很好的降解效果，而且，与硼氢化物合成的 NZVI 相比，绿茶合成的 NZVI 的降解效果更好而且降解速率更快。

1.6　实际应用进展

　　对 NZVI 的研究最主要的目的是将其应用到实际当中。Zhang 等[106]在一个二阶系统中用 NZVI 去除 Cr(Ⅵ)。其二阶系统如图 1 - 10 所示。Wei 等[107]在一个现场试验了用 PAA 改性的 NZVI 降解氯乙烯和 1，2-DCA。这都说明了 NZVI 在实际应用当中的可行性。

　　实际应用当中应该考虑环境因素，如水体 pH 值、温度、共存离子等。这些因素都将影响 NZVI 在实际当中的应用。现如今，越来越多实验室规模的实验在研究的水体中加入自然水体中存在离子、有机质，使之更接近实际环境，使研究能有效地应用到工程实际中[108]。

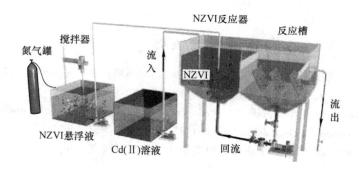

图 1 - 10　二阶系统连续流试验示意图[106]

1.7　纳米零价铁技术发展趋势

纳米零价铁技术作为高新技术，越来越受到人们的关注。NZVI 的研究也将从单纯的理论研究转向到实际应用当中。面对环境问题日益恶化，在对 NZVI 的强化改性过程中，避免改性过程造成的二次污染将是对其研究的一个挑战。而采用绿色无污染的方法对 NZVI 进行改性，增强 NZVI 的可重复利用性则是解决此问题的一个方向。从近几年的研究看，可降解分散剂、绿色合成方法和合成材料的可重复性越来越受到重视。在未来一段时间内，负载型 NZVI 改性因其高效、可重复利用性将得到更广的发展。现如今，现代科技的发展越来越趋于学科交叉性发展，将 NZVI 技术与其他技术结合将会是 NZVI 应用的一个趋势，也将越来越受到各领域学者的关注。

纳米铁因其经济实用性而被成功应用于地表水、地下水以及土壤中氯代有机物的原位或异位修复，取得显著性进展，但基于目前的研究成果，尚有相当大的发展空间：

（1）纳米铁的合成、改性、再生及其工程化应用是当前该技术可持续利用的首要问题，如何创新思路、完善和系统化相关的基础理论始终是需要攻克的技术壁垒之一；

（2）纳米颗粒的环境行为、生物毒性以及生态风险等方面的研究还存在一定的数据空白；

（3）该技术现有的研究对降解持久性有机污染物（如有机氯农药、PCBs、PCDD、PCDF、PBDE 等）及其他卤代有机物的关注不够；

（4）随着工业化进程的发展，未来污染物的组成必然使单一的处理技术满足不了社会需求，如何针对该技术设计出相应的反应器、工艺流程，以及联用技术将成为未来该领域研究的热点和焦点。可以预见，随着纳米铁改性技术的不断提高和完善，纳米铁技术将在我国得到越来越广泛的应用。

参 考 文 献

[1] 陈郁，全燮. 零价铁处理污水的机理及应用 [J]. 环境科学研究，2000，13（5）：24~26，37.

[2] Deng B, Burris D R, Campbell T J. Reductive of vinyl chloride in metallic iron-water systems [J]. Environmental Science&Technology, 1999, 33（15）：2651~2656.

[3] 卫建军. 纳米级 Pd/Fe 双金属对水中氯酚的催化脱氯研究 [D]. 浙江大学博士论文，2004：8~21.

[4] Hozalski R M, Zhang L, Arnold W A. Reduction of Haloacetic Acids by Fe^0: Implications for treatment and fate [J]. Environmental Science & Technology, 2001, 35（11）：2258~2263.

[5] Clark II C J, Rao P S C, Annable M D. Degradation of perchloroethylene in cosolvent solutions by zero-valent iron [J]. Journal of Hazardous Materials, 2003, B96：65~78.

[6] Lookman R, Bastiaens L, Borremans B, et al. Batch-test study on the dechlorination of 1, 1, 1-trichloroethane in contaminated aquifer material by zero-valent iron [J]. Journal of Contaminant Hydrology, 2004, 74：133~144.

[7] Liu Y Q, Lowry G V. Effect of particle age（Fe^0 content）and solution pH on NZVI reactivity: H_2 evolution and TCE dechlorination [J]. Environmental Science & Technology, 2006, 40：6085~6090.

[8] Parbs A, Ebert M, Dahmke A. Long-term effects of dissolved carbonate species on the degradation of trichloroethylene by zerovalent iron [J]. Environmental Science & Technology, 2007, 41：291~296.

[9] Miehr R, Tratnyek P G, Bandstra J Z, et al. Diversity of contaminant reduction reactions by zerovalent iron: Role of the reductate [J]. Environmental Science & Technology, 2004, 38：139~147.

[10] Sayles G D, You G, Wang M X, et al. DDT, DDD, and DDE dechlorination by zero-valent iron [J]. Environmental Science & Technology, 1997, 31（12）：3448~3454.

[11] 何小娟，刘菲，黄园英. 利用零价铁去除挥发性氯代脂肪烃的试验 [J]. 环境科学，2003，24（1）：139~142.

[12] 刘菲，汤鸣皋，何小娟. 零价铁脱氯水中氯代烃的实验室研究 [J]. 地球科学，2002，27（2）：182~186.

[13] 刘菲，黄园英，何小娟. 与铁相关的几种渗透反应格栅材料性能的比较 [J]. 地学前缘，2005，12：170~175.

[14] 翟辉，张斌辉，李义连. 有机氯农药的零价铁脱氯降解研究进展 [J]. 地质灾害与环境保护，2008，19（2）：109~112.

[15] 胡莺. 地下水污染修复技术研究进展——零价铁 PRB 技术的应用与实践 [J]. 云南地理环境研究，2007，19（1）：11~15.

[16] 郎印海，聂新华，贾永刚. 零价铁渗透反应格栅原位修复地下水中氯代烃的应用及研究

进展 [J]. 土壤, 2006, 38 (1): 23～28.

[17] U. S. Environmental Protection Agency. Field alpplications of in-situ remediation technologies: Permeable reactive barriers [P]. Washington, DC, 2002: 2～24.

[18] 胡丽娟, 董晓丹, 周琪. 零价铁修复土壤及地下水的 PRB 技术 [J]. 环境保护科学, 2005, 31: 48～50.

[19] 白少元, 王明玉. 零价纳米铁在水污染修复中的研究现状及讨论 [J]. 净水技术, 2008, 27 (1): 35～40, 53.

[20] 邹萍, 隋贤栋, 黄肖容, 等. 纳米材料在水处理中的应用 [J]. 环境科学与技术, 2007, 30 (4): 87～90.

[21] Lowry G V, Johnson K M. Congener-specific dechlorination of dissolved PCBs by microscale and nanoscale zerovalent iron in a water/methanol solution [J]. Environmental Science & Technology, 2004, 38: 5208～5216.

[22] 刘菲, 汤鸣皋, 何小娟, 等. 零价铁降解水中氯代烃的实验室研究 [J]. 中国地质大学学报, 2002, 27: 186～188

[23] 梁震, 王焰新. 纳米级零价铁的制备及其用于污水处理的机理研究 [J]. 工程与技术, 2002, 4: 14～16.

[24] Lien H L, Zhang W X. Nanoscale iron particles for complete reduction of chlorinated ethenes [J]. Colloid Surface A, 2001, 191: 97～106.

[25] 童少平, 胡丽华, 魏红, 等. Ni/Fe 二元金属脱氯降解对氯苯酚的研究 [J]. 环境科学, 2005, 26: 59～62.

[26] 何小娟, 汤鸣皋, 李旭东, 等. 镍/铁和铜/铁双金属降解四氯乙烯的研究 [J]. 环境化学, 2003, 22: 334～339.

[27] 吴德礼, 马鲁铭, 周荣丰. 水溶液中氯代烷烃的催化还原脱氯研究 [J]. 环境化学, 2004, 23 (6): 631～635.

[28] 黄园英, 刘菲, 汤鸣皋, 等. 纳米镍/铁对四氯乙烯快速脱氯试验 [J]. 岩矿测试, 2005, 24: 93～101.

[29] 黄园英, 刘菲, 汤鸣皋, 等. 纳米级 Ni/Fe 颗粒降解四氯化碳批实验研究 [J]. 山东农业大学学报 (自然科学版), 2004, 35 (4): 565～568.

[30] Feng J, Lim T T. Pathways and kinetics of carbon tetrachloride and chloroform reductions by nano-scale Fe and Fe/Ni particles: Comparison with commercial micro-scale Fe and Zn [J]. Chemosphere, 2005, 59: 1267～1277.

[31] Xu X H, Zhou H Y, He P, et al. Catalytic dechlorination kinetics of p-dichlorobenzene over Pd/Fe catalysts [J]. Chemosphere, 2005, 58: 1135～1140.

[32] Lin C J, Lo S L, Liou Y H. Dechlorination of trichloroethylene in aqueous solution by noble metal-modified Iron [J]. Journal of Hazardous Materials, 2004, 116: 219～228.

[33] Lien H L, Zhang W X. Hydrodechlorination of chlorinated ethanes by nanoscale Pd/Fe bimetallic particles [J]. Journal of Environmental Engineering, 2005, 9: 4～10.

[34] Cwiertny D M, Bransfield S J, Livi K J T, et al. Exploring the influence of granular ion addi-

tives on 1, 1, 1-trichloroethane reduction [J]. Environmental Science & Technology, 2006, 40: 6837 ~ 6843.

[35] Li X Q, Zhang W X. Iron nanoparticles: the core-shell structure and unique properties for Ni (Ⅱ) sequestration [J]. Langmuir, 2006, 22: 4638 ~ 4642.

[36] 黄园英, 刘菲, 汤鸣皋, 等. 纳米镍/铁和铜/铁双金属对四氯乙烯脱氯研究 [J]. 环境科学学报, 2007, 27: 80 ~ 85.

[37] 周红艺, 汪大翚, 徐新华. Pd/Fe 双金属对水中 m-二氯苯的催化脱氯 [J]. 化工学报, 2004, 55 (11): 1912 ~ 1915.

[38] 徐新华, 金剑, 卫建军, 等. 纳米 Pd/Fe 双金属对 2, 4-二氯酚的脱氯机理及动力学 [J]. 环境科学学报, 2004, 24 (4): 561 ~ 567.

[39] Muftikian R, Fernando Q, Korte N. A method for the rapid dechlorination of low molecular weight Chlorinated hydrocarbons in water [J]. Water Research, 1995, 29 (10): 2434 ~ 2439.

[40] Liu Y H, Yang F L, Yue P L, et al. Chen. Catalytic dechlorination of chlorophenols in water by palladium/iron [J]. Water Research, 2001, 35: 1887 ~ 1890.

[41] Choe S, Lee S H, Chang Y Y, et al. Rapid reductive destruction of hazardous organic compounds by nanoscale Fe⁰ [J]. Chemosphere, 2001, 42: 367 ~ 372.

[42] Zhang W X, Wang C B, Lien H L. Treatment of chlorinated organic contaminants with nanoscale bimetallic particles [J]. Catalysis Today, 1998, 40: 387 ~ 395.

[43] Lien H L, Zhang W X. Transformation of chlorinated methanes by nanoscale iron particles [J]. Journal of Environmental Engineering, 1999: 1402 ~ 1409.

[44] He F, Zhao D Y. Preparation and characterization of a new class of starch-stabilized bimetallic nanoparticles for degradation of chlorinated hydrocarbons in Water [J]. Environmental Science& Technology, 2005, 39 (9): 3314 ~ 3320.

[45] Xu X, Zhou H, Wang D. Structure relationship for catalytic dechlorination rate of dichlorobenzenes in water [J]. Chemosphere, 2005, 58: 1497 ~ 1502.

[46] Zhang W X. Nanoscale iron particles for environmental remediation: An overview [J]. Journal of Nanoparticle Research, 2003, 5: 323 ~ 332.

[47] Zhu B W, Lim T T, Feng J. Reductive dechlorination of 1, 2, 4-trichlorobenzene with palladized nanoscale Fe⁰ particles supported on chitosan and silica [J]. Chemosphere, 2006, 65: 1137 ~ 1145.

[48] Feng J, Lim T T. Iron-mediated reduction rates and pathways of halogenated methanes with nanoscale Pd/Fe: Analysis of linear free energy relationship [J]. Chemosphere, 2007, 6: 1765 ~ 1774.

[49] Xu X H, Zhou H Y, Zhou M. Catalytic Amination and Dechlorination of para-Nitrochlorobenzene (p-NCB) in Water Over Palladium-Iron Bimetallic Catalyst [J]. Chemosphere, 2006, 62: 847 ~ 852.

[50] Doong R A, Lai Y J. Dechlorination of tetrachloroethylene by palladized iron in the presence of

humic acid [J]. Water Research, 2005, 39: 2309~2318.

[51] Grittini C, Malcomson M, Femando Q, et al. Rapid dechlorination of polychlorinated biphenyls on the surface of a Pd/Fe bimetallic system. Environmental Science and Technology, 1995, 29 (11): 2898~2900.

[52] Cheng I F, Fernando Q, Korte N. Electrochemical dechlorination of 4-chlorophenol to phenol [J]. Environmental Science & Technology, 1997, 31 (4): 1074~1078.

[53] 程荣, 王建龙, 张伟贤. 纳米金属铁降解有机卤化物的研究进展 [J]. 化学进展, 2006, 18 (1): 93~99.

[54] 王翠英, 程彬. 金属铁纳米粒子的液相制备表面修饰及其结构表征 [J]. 化学物理学报, 1999, 12 (6): 670~674.

[55] 刘小虹, 颜肖慈, 李伟. 纳米铁微粒制备新进展 [J]. 金属功能材料, 2002, 9 (2): 8~11.

[56] 高树梅, 王晓栋, 秦良, 等. 改进液相还原法制备纳米零价铁颗粒 [J]. 南京大学学报 (自然科学), 2007, 43 (4): 358~364.

[57] Wang W, Zhou M H. Degradation of trichloroethylene using solvent-responsive polymer coated Fe nanoparticles [J]. Colloids and Surfaces A: Physicochemical and Engineering Aspects, 2010, 369: 232~239.

[58] Grieger K D, Fjordbøge A, Hartmann N B, et al. Environmental benefits and risks of zero-valent iron nanoparticles (NZVI) for in situ remediation: Risk mitigation or trade-off? [J]. Journal of Contaminant Hydrology, 2010, 118 (3~4): 165~183.

[59] Arnold W A, Roberts A L. Pathways and kinetics of chlorinated ethylene and chlorinated acetylene reaction with Fe (0) particles [J]. Environmental Science & Technology, 2000, 34: 1794~1805.

[60] 那娟娟, 冉均国, 苟立, 等. 超声波/纳米铁粉协同脱氯降解四氯化碳 [J]. 化工进展, 2005, 24 (12): 1401~1404.

[61] 宋勇, 戴友芝. 超声波与零价铁联合降解五氯苯酚的初步研究 [J]. 湖南工程学院学报, 2005, 15 (2): 76~79.

[62] Jou C J G, Hsieh S C, Lee C L, et al. Combining zero-valent iron nanoparticles with microwave energy to treat chlorobenzene [J]. Journal of the Taiwan Institute of Chemical Engineers, 2010, 41: 216~220.

[63] 邹学权, 徐新华, 史惠祥, 等. 2, 4-二氯苯酚在炭载铜和铁催化剂上的微波降解 [J]. 浙江大学学报: 工学版, 2010, 44 (3): 606~611.

[64] Sakulchaicharoen N, O'Carroll D M, Herrera J E. Enhanced stability and dechlorination activity of pre-synthesis stabilized nanoscale FePd particles [J]. Journal of Contaminant Hydrology, 2010, 118 (3~4): 117~127.

[65] Cho H H, Park J W. Sorption and reduction of tetrachloroethylene with zero valent iron and amphiphilic molecules [J]. Chemosphere, 2006, 64: 1047~1052.

[66] Zhu B W, Lim T T, Feng J. Influences of amphiphiles on dechlorination of a trichlorobenzene

by nanoscale Pd/Fe: Adsorption, reaction kinetics, and interfacial interactions [J]. Environmental Science & Technology, 2008, 42: 4513~4519.

[67] Zheng Z H, Yuan S H, Liu Y, et al. Reductive dechlorination of hexachlorobenzene by Cu/Fe bimetal in the presence of nonionic surfactant [J]. Journal of Hazardous Materials, 2009, 170: 895~901.

[68] Parshetti G K, Doong R. Dechlorination of trichloroethylene by Ni/Fe nanoparticles immobilized in PEG/PVDF and PEG/nylon 66 membranes [J]. Water Research, 2009, 43: 3086~3094.

[69] Lin Y H, Tseng H H, Wey M Y, et al. Characteristics of two types of stabilized nano zerovalent iron and transport in porous media [J]. Science of The Total Environment, 2010, 408: 2260~2267.

[70] He F, Zhao D Y. Preparation and characterization of new class of starch-stabilized bimetallic nanoparticles for degradation of chlorinated hydrocarbons in water [J]. Environmental Science & Technology, 2005, 39: 3314~3320.

[71] Lim T T, Zhu B W. Effects of anions on the kinetics and reactivity of nanoscale Pd/Fe in trichlorobenzene dechlorination [J]. Chemosphere, 2008, 73: 1471~1477.

[72] 胡劲召, 陈少瑾, 吴双桃, 等. 零价铁对土壤中六氯乙烷还原脱氯研究 [J]. 广东化工, 2005, 8: 23~26.

[73] Engelmann M D, Hutcheson R, Henschied K, et al. Simultaneous determination of total polychlorinated biphenyl and dichlorodiphenyltrichloroethane (DDT) by dechlorination with Fe/Pd and Mg/Pd bimetallic particles and flame ionization detection gas chromatography [J]. Microchemical Journal, 2003, 74: 19~25.

[74] Smuleaca V, Bachasb L, Bhattacharyya D. Aqueous-phase synthesis of PAA in PVDF membrane pores for nanoparticle synthesis and dichlorobiphenyl degradation [J]. Journal of Membrane Science, 2010, 346: 310~317.

[75] Wang X Y, Chen C, Liu H L, et al. Preparation and characterization of PAA/PVDF membrane-immobilized Pd/Fe nanoparticles for dechlorination of trichloroacetic acid [J]. Water Research, 2008, 42: 4656~4664.

[76] Tong M, Yuan S H, Long H Y, et al. Reduction of nitrobenzene in groundwater by iron nanoparticles immobilized in PEG/nylon membrane [J]. Journal of Contaminant Hydrology, 2011, 122 (1): 16~25.

[77] Zhu B W, Lim T T, Feng J. Reductive dechlorination of 1, 2, 4 -trichlorobenzene with palladized nanoscale Fe^0 particles supported on chitosan and silica [J]. Chemosphere, 2006, 65: 1137~1145.

[78] Kim H, Hong H J, Jung J, et al. Degradation of trichloroethylene (TCE) by nanoscale zerovalent iron (nZVI) immobilized in alginate bead [J]. Journal of Hazardous Materials, 2010, 176: 1038~1043.

[79] 周红艺, 徐新华, 汪大翚. Pd/Fe 双金属对水中 m-二氯苯的催化脱氯 [J]. 化工学报, 2004, 11 (1): 1912~1915.

［80］刘菲，黄园英，张国臣. 纳米镍/铁去除氯代烃影响因素的探讨［J］. 地学前缘，2006，13（1）：150～154.

［81］吴德礼，马鲁铭，王铮. 氯代有机物结构性质对还原脱氯速率的影响［J］. 工业用水与废水，2005，36（1）：22～25.

［82］Zhang Z, Cissoko N, Wo J J, et al. Factors influencing the dechlorination of 2, 4-dichlorophenol by Ni-Fe nanoparticles in the presence of humic acid［J］. Journal of Hazardous Materials, 2009, 165: 78～86.

［83］Ni S Q, Yang N. Cation exchange resin immobilized bimetallic nickel-iron nanoparticles to facilitate their application in pollutants degradation［J］. Journal of Colloid and Interface Science, 2014, 420: 158～165.

［84］Xie Y Y, Fang Z Q, Cheng W, et al. Remediation of polybrominated diphenyl ethers in soil using Ni/Fe bimetallic nanoparticles: Influencing factors, kinetics and mechanism［J］. Science of The Total Environment, 2014, 485～486: 363～370.

［85］Fang Z Q, Qiu X H, Chen J, et al. Degradation of the polybrominated diphenyl ethers by nanoscale zero-valent metallic particles prepared from steel pickling waste liquor［J］. Desalination, 2011, 267（1）: 34～41.

［86］Qiu X H, Fang Z Q, Liang B, et al. Degradation of decabromodiphenyl ether by nano zero-valent iron immobilized in mesoporous silica microspheres［J］. Journal of Hazardous Materials, 2011, 193: 70～81.

［87］Fang Z Q, Qiu X H, Chen J H, et al. Debromination of polybrominated diphenyl ethers by Ni/Fe bimetallic nanoparticles: Influencing factors, kinetics, and mechanism［J］. Journal of Hazardous Materials, 2011, 185（2～3）: 958～969.

［88］Zhang Y, Li Y M, Li J F, et al. Enhanced removal of nitrate by a novel composite: Nanoscale zero valent iron supported on pillared clay［J］. Chemical Engineering Journal, 2011, 171（2）: 526～531.

［89］Hwang Y H, Lee Y C, Mines P D, et al. Nanoscale zero-valent iron（nZVI）synthesis in a Mg-aminoclay solution exhibits increased stability and reactivity for reductive decontamination［J］. Applied Catalysis B: Environmental, 2014, 147: 748～755.

［90］Jiang Z M, Zhang S J, Pan B C, et al. A fabrication strategy for nanosized zero valent iron（nZVI）-polymeric anion exchanger composites with tunable structure for nitrate reduction［J］. Journal of Hazardous Materials, 2012, 233～234: 1～6.

［91］Cai X, Gao Y, Sun Q, et al. Removal of co-contaminants Cu（Ⅱ）and nitrate from aqueous solution using kaolin-Fe/Ni nanoparticles［J］. Chemical Engineering Journal, 2014, 244: 19～26.

［92］Fateminia F S, Falamaki C. Zero valent nano-sized iron/clinoptilolite modified with zero valent copper for reductive nitrate removal［J］. Process Safety and Environmental Protection, 2013, 91（4）: 304～310.

［93］Pan J R, Huang C P, Hsieh W P, et al. Reductive catalysis of novel TiO_2/Fe^0 composite under

UV irradiation for nitrate removal from aqueous solution [J]. Separation and Purification Technology, 2012, 84: 52~55.

[94] Wu L M, Liao L B, Lv G C, et al. Micro-electrolysis of Cr (Ⅵ) in the nanoscale zero-valent iron loaded activated carbon [J]. Journal of Hazardous Materials, 2013, 254~255: 277~283.

[95] Liu T, Wang Z L, Yan X, et al. Removal of mercury (Ⅱ) and chromium (Ⅵ) from wastewater using a new and effective composite: Pumice-supported nanoscale zero-valent iron [J]. Chemical Engineering Journal, 2014, 245: 34~40.

[96] Petala E, Dimos K, Douvalis A, et al. Nanoscale zero-valent iron supported on mesoporous silica: characterization and reactivity for Cr (Ⅵ) removal from aqueous solution [J]. Journal of Hazardous Materials, 2013, 261: 295~306.

[97] Lü X S, Xue X Q, Jiang G M, et al. Nanoscale zero-valent iron (nZVI) assembled on magnetic Fe_3O_4/graphene for chromium (Ⅵ) removal from aqueous solution [J]. Journal of Colloid and Interface Science, 2014, 417: 51~59.

[98] 周娟娟, 李战军. 活性炭/纳米零价铁复合吸附剂的制备及对砷的去除应用 [J]. 环境科学与管理, 2012, 37 (10): 106~108.

[99] Tandon P K, Shukla R C, Singh S B. Removal of arsenic (Ⅲ) from water with clay-supported zerovalent iron nanoparticles synthesized with the help of tea liquor [J]. Industrial & Engineering Chemistry Research, 2013, 52 (30): 10052~10058.

[100] Huang P P, Ye Z F, Xie W M, et al. Rapid magnetic removal of aqueous heavy metals and their relevant mechanisms using nanoscale zero valent iron (nZVI) particles [J]. Water Research, 2013, 47 (12): 4050~4058.

[101] Vernon J D, Bonzongo J C. Volatilization and sorption of dissolved mercury by metallic iron of different particle sizes: Implications for treatment of mercury contaminated water effluents [J]. Journal of Hazardous Materials, 2014, 276: 408~414.

[102] Luo S, Qin P F, Shao J H, et al. Synthesis of reactive nanoscale zero valent iron using rectorite supports and its application for Orange II removal [J]. Chemical Engineering Journal, 2013, 223: 1~7.

[103] Lin Y M, Chen Z L, Megharaj M, et al. Degradation of scarlet 4BS in aqueous solution using bimetallic Fe/Ni nanoparticles [J]. Journal of Colloid and Interface Science, 2012, 381 (1): 30~35.

[104] Bokare A D, Chikate R C, Rode C V, et al. Iron-nickel bimetallic nanoparticles for reductive degradation of azo dye Orange G in aqueous solution [J]. Applied Catalysis B: Environmental, 2008, 79 (3): 270~278.

[105] Shahwan T, Sirriah S A, Nairat M, et al. Green synthesis of iron nanoparticles and their application as a Fenton-like catalyst for the degradation of aqueous cationic and anionic dyes [J]. Chemical Engineering Journal, 2011, 172 (1): 258~266.

[106] Zhang Y L, Li Y T, Dai C M, et al. Sequestration of Cd (Ⅱ) with nanoscale zero-valent iron

（nZVI）: Characterization and test in a two-stage system [J]. Chemical Engineering Journal, 2014, 244: 218 ~ 226.

[107] Wei Y T, Wu S C, Yang S W, et al. Huang. Biodegradable surfactant stabilized nanoscale zero-valent iron for in situ treatment of vinyl chloride and 1, 2-dichloroethane [J]. Journal of Hazardous Materials, 2012, 211 ~ 212: 373 ~ 380.

[108] Lü X S, Hu Y J, Tang J, et al. Effects of co-existing ions and natural organic matter on removal of chromium (Ⅵ) from aqueous solution by nanoscale zero valent iron (nZVI)-Fe$_3$O$_4$ nanocomposites [J]. Chemical Engineering Journal, 2013, 218: 55 ~ 64.

2 修饰型纳米钯/铁的制备及其脱氯性能

2.1 引言

由于超细化纳米颗粒之间的范德华力和自身磁力的作用及其高比表面积效应，使得新合成的纳米颗粒易发生团聚和氧化现象。针对这些问题，采用聚丙烯酸（PAA）、十六烷基三甲基溴化胺（CTAB）和聚甲基丙烯酸甲酯（PMMA）对纳米 Pd/Fe 双金属体系进行表面修饰改性，并将其用于水中 2,4-二氯苯酚的去除。采用液相还原共沉淀和原位改性法制备 PAA、CTAB 和 PMMA 表面修饰改性的纳米 Pd/Fe 双金属体系。通过场发射扫描电镜（FE-SEM）、透射电镜（TEM）、X-射线衍射（XRD）和比表面积（BET）等表征手段，对改性纳米 Pd/Fe 双金属体系的表面形貌，形状及粒径，晶体结构和比表面积等进行了分析对比。用修饰改性纳米 Pd/Fe 双金属颗粒对 2,4-二氯苯酚进行催化还原脱氯，比较未改性和改性纳米 Pd/Fe 双金属对 2,4-二氯苯酚的脱氯效果。考察改性溶液的浓度配比对其催化还原脱氯性能的影响。分析纳米 Pd/Fe 双金属对 2,4-二氯苯酚的脱氯机理并建立了相应的反应动力学模型。

2.2 表面修饰型纳米 Pd/Fe 的制备

2.2.1 PAA 改性纳米 Pd/Fe 双金属颗粒的制备

PAA 改性纳米 Pd/Fe 双金属的合成路线如图 2-1 所示。首先，准确移取 10mL PAA 改性溶液加入 200mL、0.1mol/L 的硫酸亚铁（FeSO$_4$）溶液中，搅拌 30min 使其混合均匀。在这一过程中，纳米零价铁的前驱物 Fe^{2+} 可通过其与 PAA 羧酸官能团之间发生的螯合作用，均匀地分散在 PAA 分子链组成的凝胶网状结构中。接着，将 250mL 新制的 0.2mol/L 的硼氰化钾（KBH$_4$）溶液逐滴加入至上述混合溶液中，可以观察到溶液中立即有黑色物质生成，其反应方程如式（2-1）所示：

$$Fe^{2+} + 2BH_4^- + 6H_2O \longrightarrow Fe^0\downarrow + 2B(HO)_3 + 7H_2\uparrow \qquad (2-1)$$

待 KBH$_4$ 溶液滴加完毕，延时搅拌 15min，将黑色悬浊液经 0.22μm 混合纤维微孔滤膜真空抽滤，并用去离子水清洗 2~3 遍，即得 PAA 改性的纳米零价铁颗

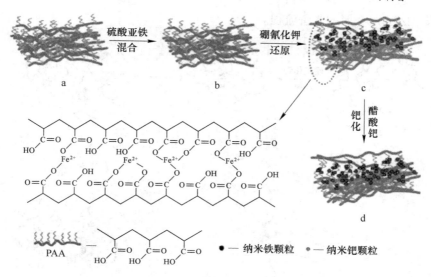

图 2-1　PAA 改性纳米 Pd/Fe 双金属合成路线图

a—PAA 分子链；b—PAA/Fe^{2+} 溶液；c—Fe^0 形成；d—PAA-Pd/Fe

粒。随后，将新制的纳米零价铁颗粒浸入醋酸钯（$[Pd(C_2H_3O_2)_2]_3$）的乙醇溶液中，在磁力搅拌下反应 30min。其反应方程如式（2-2）所示：

$$Pd^{2+} + Fe^0 \longrightarrow Pd^0 + Fe^{2+} \tag{2-2}$$

待反应完全后，将悬浊液移入砂芯过滤装置中，真空抽滤至干，接着用无水乙醇洗 2~3 次，丙酮洗 1 次，即得 PAA 改性的纳米 Pd/Fe 双金属颗粒。将上述步骤制得的纳米 Pd/Fe 双金属颗粒置于装有变色硅胶的干燥器内，于室温下干燥后通氮研磨，并保存在血清瓶中备用。为了更好地揭示改性剂对纳米 Pd/Fe 双金属物理化学性能的影响，修饰型双金属体系的理论钯化率均定为 0.1%（质量分数）。

2.2.2　CTAB 改性纳米 Pd/Fe 双金属的制备

CTAB 改性纳米 Pd/Fe 双金属的合成路线如图 2-2 所示。可见，其合成过程包括改性剂控制下纳米零价铁的形成过程以及零价铁表面钯的负载过程。当乙醇/水溶液溶解的 CTAB 与硫酸亚铁溶液混合后，CTAB 便以单分子形式分散在溶液中或吸附在界面上，乙醇则通过其羟基自由基与金属离子之间的螯合作用，在金属离子周围形成一定的空间位阻，从而有利于 Fe^{2+} 在溶液中的分散。在还原剂 KBH$_4$ 的作用下，Fe^{2+} 立即在原位形成黑色的 Fe^0 颗粒，这时溶液中 CTAB 的离子端通过静电作用吸附在新合成的 Fe^0 颗粒表面，而长尾端则在溶液中充分伸展。接着，将 CTAB 分散稳定的纳米零价铁颗粒浸入醋酸钯的乙醇溶液中反应一定时间，即得 CTAB 改性的纳米 Pd/Fe 双金属。其合成的具体步骤参见 PAA 改性纳米 Pd/Fe 双金属的制备流程。

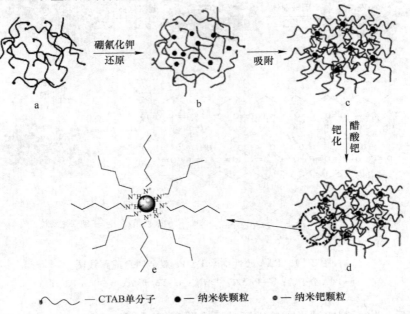

图 2-2　CTAB 改性纳米 Pd/Fe 双金属合成路线图

a—CTAB/乙醇/Fe^{2+} 溶液；b—Fe^0 形成；c—Fe^0 被 CTAB 吸附；d—CTAB-Pd/Fe；

e—CTAB 分子对 Fe 颗粒的包覆作用

2.2.3　PMMA 改性纳米 Pd/Fe 双金属的制备

　　PMMA 改性纳米 Pd/Fe 双金属的合成路线如图 2-3 所示。其合成过程包括纳米零价铁及其保护层的形成过程和纳米零价铁表面钯的负载过程。首先，将 PMMA 颗粒溶解在苯甲醚溶液中，在这一过程中，PMMA 分子链被逐渐打开而在溶液中形成类似"梳子"的三维结构，这个三维结构的骨架由 PMMA 主链构成，而"梳齿"则由 PMMA 所带官能团充当。将其与硫酸亚铁溶液混合后，Fe^{2+} 便分散在"梳齿"之间的空隙中。随着还原剂 KBH$_4$ 的加入，合成体系中的 Fe^{2+} 立即在原位形成黑色的 Fe^0 颗粒，这时，由于新合成的纳米零价铁与 PMMA 分子链上的酯键发生静电吸引，纳米零价铁就被锚固并分散在 PMMA 的三维结构中，这对控制纳米零价铁物理化学性能有着积极的作用。最后，将得到的 PMMA 改性的纳米零价铁颗粒浸入醋酸钯的乙醇溶液中反应一定时间，即得 PMMA 改性的纳米 Pd/Fe 双金属。其合成的具体步骤参见 PAA 改性纳米 Pd/Fe 双金属的制备流程。

2.2.4　未改性纳米 Pd/Fe 双金属的制备

　　同时制备未改性纳米 Pd/Fe 双金属进行对比研究，其制备步骤与改性纳米

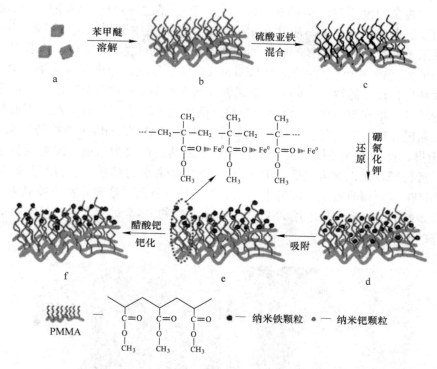

图 2-3　PMMA 改性纳米 Pd/Fe 双金属合成路线图

a—PMMA 颗粒；b—PMMA 分子链；c—PMMA/苯甲醚/Fe^{2+} 溶液；

d—Fe^0 形成；e—Fe^0 被 PMMA 吸附；f—PMMA-Pd/Fe

Pd/Fe 双金属的制备步骤类似，主要区别在于：零价铁的前驱物硫酸亚铁溶液中不添加任何改性剂而直接在 KBH$_4$ 的作用下还原成纳米零价铁，接着将新制的纳米零价铁浸入醋酸钯的乙醇溶液中反应一段时间，即得未改性的纳米 Pd/Fe 双金属。其合成的具体步骤参见 PAA 改性纳米 Pd/Fe 双金属的制备流程。

2.3　表面修饰纳米 Pd/Fe 双金属表征结果

2.3.1　纳米 Pd/Fe 双金属的表面形貌

未改性和改性纳米 Pd/Fe 双金属的表面形貌及分散效果可通过场发射扫描电镜观察，其结果如图 2-4 所示。由图 2-4a 可见，未改性纳米 Pd/Fe 双金属的表面粗糙，可能有氧化现象发生。颗粒间聚集成无定性的团块状，粒径分布不均匀，几乎分辨不出单个的颗粒，这可能是由于新合成的纳米 Pd/Fe 双金属受颗粒之间范德华力和自身磁力的作用，及其高比表面积效应，因而易于发生团聚现象。团聚现象的发生可能会降低纳米 Pd/Fe 双金属的稳定性、传输性、反应活性，以及长期利用性，从而使其在实际污染物的修复中受到限制。图 2 − 4b ~ d 分别展示了经过聚丙烯酸（PAA），十六烷基三甲基溴化胺（CTAB）以及聚甲基丙烯酸甲酯（PMMA）改性的纳米 Pd/Fe 双金属。显然，与未改性的纳米 Pd/Fe 双金属相比，改性的纳米 Pd/Fe 双金属颗粒呈现大小不一的近似球形，大部分双金属的粒径大小在 50 ~ 90nm 之间。颗粒之间紧密聚集成树枝状分布，团聚现象和表面粗糙度均有不同程度的减轻和降低。但与 CTAB 和 PMMA 改性的纳米 Pd/Fe 双金属相比，PAA 改性的纳米 Pd/Fe 双金属其表面较为粗糙，团聚现象较为明显，且粒径较大，这可能是由于 PAA 本身具有亲水的特性，使得经其改性的纳米 Pd/Fe 双金属具有吸收环境中的水分的趋势，从而导致部分颗粒被氧化。这说明两亲性的 CTAB 和疏水性的 PMMA 比亲水性的 PAA 对纳米 Pd/Fe 双金属具有更好的改性效果。

图 2 − 4　纳米 Pd/Fe 双金属的场发射扫描电镜照片
a—未改性 Pd/Fe；b—PAA 改性的纳米 Pd/Fe；
c—CTAB 改性的纳米 Pd/Fe；d—PMMA 改性的纳米 Pd/Fe

2.3.2 表面修饰纳米 Pd/Fe 双金属的形状及粒径

为了进一步研究纳米 Pd/Fe 双金属的表面性质，对未改性和改性纳米 Pd/Fe 双金属进行了透射电镜观察，以分析双金属的形状，粒径以及分散程度等表面特征，其结果如图 2-5 所示。未改性的纳米 Pd/Fe 双金属外观轮廓模糊，图像上大部分为大块的团聚体，很难分辨出单个的颗粒（见图 2-5a），这说明新合成的纳米 Pd/Fe 双金属发生了严重的团聚现象，这一结果与扫描电镜结果一致（见图 2-4a）。相对于图 2-5a，经过 PAA、CTAB 以及 PMMA 改性的纳米 Pd/Fe 双金属外观轮廓变得相对清晰，颗粒呈现大小不一的类球形，这说明改性后的 Pd/Fe 双金属的分散性有了一定的改善。但 PAA 改性的 Pd/Fe 双金属仍有部分团聚（见图 2-5b），这可能与其被氧化有关。而经过 CTAB 和 PMMA 改性的双金属均呈现明显的树枝状分布（见图 2-5c 和图 2-5d）。可见，CTAB 和 PMMA 更有利于提高纳米 Pd/Fe 双金属的分散性。

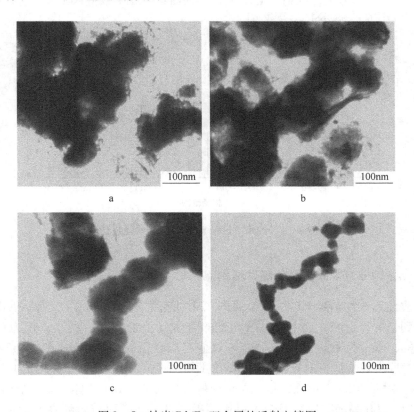

图 2-5 纳米 Pd/Fe 双金属的透射电镜图

a—未改性 Pd/Fe；b—PAA 改性的纳米 Pd/Fe；
c—CTAB 改性的纳米 Pd/Fe；d—PMMA 改性的纳米 Pd/Fe

从透射电镜照片的不同角度，统计了 140 个纳米 Pd/Fe 双金属的粒径，其统计结果如图 2−6 所示。由图 2−6 可见，未改性的纳米 Pd/Fe 双金属有 61% 的颗粒分布在 50~80nm 范围内，而经 PAA、CTAB、PMMA 改性的纳米 Pd/Fe 双金属出现在此范围内的颗粒的频率分别为 50%、35% 和 45%，其余的多出现在更大的粒径范围内。此外，对其统计数据进行单因素方差分析可以得到未改性和改性的纳米 Pd/Fe 双金属的平均粒径分别为：未改性纳米 Pd/Fe 双金属（72.10 ± 18.27）nm，PAA 改性的纳米 Pd/Fe 双金属（84.34 ± 19.44）nm，CTAB 改性的纳米 Pd/Fe 双金属（77.47 ± 25.89）nm，PMMA 改性的纳米 Pd/Fe 双金属（75.51 ± 19.24）nm（标准偏差的置信度为 95%）。这个结果与 Cirtiu 等[1] 的研究结果类似，即经聚合物改性的纳米 Pd/Fe 双金属的粒径均大于未改性的 Pd/Fe 双金属，这可能归因于改性剂对纳米 Pd/Fe 双金属表面的不完全包覆。

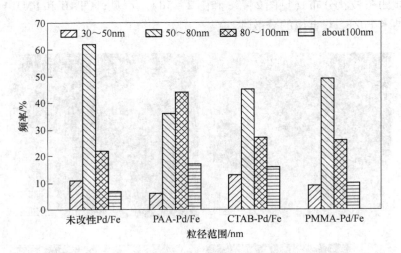

图 2−6　纳米 Pd/Fe 双金属颗粒粒径统计

2.3.3　纳米 Pd/Fe 双金属的晶体结构

未改性和改性纳米 Pd/Fe 双金属的 X 射线衍射图谱如图 2−7 所示。图中没有观察到钯的衍射峰，这主要是因为钯的含量（质量分数）很小，仅为 0.1%。由图可知，未改性和改性纳米 Pd/Fe 双金属均在衍射角 $2\theta = 44.67°$、$65.02°$ 和 $82.33°$ 附近出现特征衍射。相应的晶面间距可根据布拉格方程计算得出并列于表 2−1 中。对照表 2−1 可知，这三个衍射峰分别对应于 α-Fe^0 体心立方结构的 110 晶面衍射、200 晶面衍射以及 211 晶面衍射，且 110 晶面衍射的强度远大于 200 晶面衍射和 211 晶面衍射。但未改性和 PAA 改性的纳米 Pd/Fe 双金属均在 $2\theta = 35.68°$ 处出现特征衍射，经计算可知，该峰的晶面间距为 $d = 2.5152$，对应于

Fe$_3$O$_4$ 的 311 晶面衍射，未改性的纳米 Pd/Fe 双金属在该峰的衍射强度为 Fe^0 主峰强度的 32.8%（见表 2-2），说明未改性的纳米 Pd/Fe 双金属出现了明显的氧化现象。PAA 改性的纳米 Pd/Fe 双金属在该峰的衍射强度为 Fe^0 主峰强度的 22.5%（见表 2-2），说明 PAA 改性的纳米 Pd/Fe 双金属有一定程度的氧化，但弱于未改性的纳米 Pd/Fe 双金属（见图 2-7）。而 CTAB 和 PMMA 改性的纳米 Pd/Fe 双金属均没有出现氧化峰。以上结果与扫描电镜和透射电镜的表征结果相吻合。显然，采用 PAA、CTAB 和 PMMA 对纳米 Pd/Fe 双金属改性不仅能提高双金属的分散性，还能在一定程度上提高其抗氧化能力。

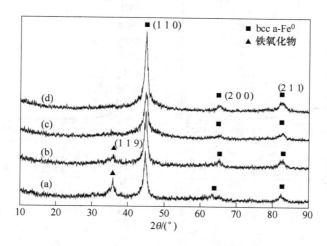

图 2-7　纳米 Pd/Fe 双金属的 X 射线衍射图谱

表 2-1　零价铁的标准 PDF 卡片相关系数

衍射晶面（hlk）	晶面间距 d/nm	衍射角 2θ/(°)	相对衍射强度/%
1 1 0	0.20268	44.6732	100
2 0 0	0.14332	65.0211	20
2 1 1	0.11702	82.3326	30
2 2 0	0.10134	98.6541	10
3 1 0	0.09064	116.3849	12
2 2 0	0.08275	137.136	6

2.3.4　纳米 Pd/Fe 双金属的比表面积

未改性和改性纳米 Pd/Fe 双金属的比表面积采用 BET-N$_2$ 法测定。经测定，未改性的和经 PAA、CTAB、PMMA 改性的纳米 Pd/Fe 双金属的比表面积分别为

$32.3m^2/g$ 和 $36.6m^2/g$，$28.5m^2/g$，$43.2m^2/g$。未改性和改性纳米 Pd/Fe 双金属的孔体积-孔径曲线如图 2-8 所示。未改性的纳米 Pd/Fe 双金属的孔体积-孔径曲线上只出现一个最高峰（见图 2-8a），说明双金属的孔径分布较为均匀。而经 PAA、CTAB、PMMA 改性的纳米 Pd/Fe 双金属的孔体积-孔径曲线图上没有出现峰值，如图 2-8b～d 所示，说明其孔径变得不均匀，这可能归因于改性剂对纳米 Pd/Fe 双金属表面的不均匀包覆。

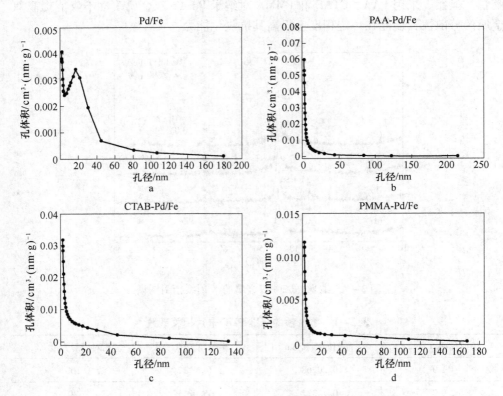

图 2-8   纳米 Pd/Fe 双金属颗粒的 BJH 脱附孔径分布
a—未改性 Pd/Fe；b—PAA 改性的纳米 Pd/Fe；c—CTAB 改性的纳米 Pd/Fe；
d—PMMA 改性的纳米 Pd/Fe

表 2-2   纳米 Pd/Fe 双金属颗粒的 X-射线衍射分析结果

颗粒名称	衍射角 $2\theta/(°)$	晶面间距 d/nm	衍射强度/%	晶面类型（hlk）
未改性 Pd/Fe	35.70	0.25152	32.8	1 1 9
	44.66	0.20289	100	1 1 0
	65.06	0.14336	3.4	2 0 0
	82.33	0.11712	23.8	2 1 1

颗粒名称	衍射角 $2\theta/(°)$	晶面间距 d/nm	衍射强度/%	晶面类型 （hlk）
PAA-Pd/Fe	35. 33	0. 25402	22. 5	1　1　9
	44. 76	0. 20247	100	1　1　0
	65. 02	0. 14344	6. 6	2　0　0
	82. 47	0. 11695	17. 7	2　1　1
CTAB-Pd/Fe	44. 56	0. 20333	100	1　1　0
	64. 96	0. 14344	6. 6	2　0　0
	82. 53	0. 11688	35. 9	2　1　1
PMMA-Pd/Fe	44. 78	0. 20238	100	1　1　0
	65. 04	0. 14340	8. 9	2　0　0
	82. 44	0. 11699	14. 0	2　1　1

2.4　表面修饰纳米 Pd/Fe 双金属催化还原脱氯性能研究

以 2，4-二氯苯酚为目标污染物进行纳米 Pd/Fe 双金属催化还原脱氯实验，考察和对比未改性和改性纳米 Pd/Fe 双金属的催化还原脱氯性能。实验在同一条件下进行，即：2，4-二氯苯酚的初始浓度 = 20mg/L，纳米 Pd/Fe 双金属的投加量 = 10g/L，反应溶液初始 pH = 7.0，温度 = (20 ± 1)℃，钯化率（质量分数）= 0.1%，反应 240min。

2.4.1　PAA 改性对纳米 Pd/Fe 脱氯性能的影响

未改性和 PAA 改性的纳米 Pd/Fe 双金属对 2，4-二氯苯酚的催化还原脱氯性能以脱氯体系中 2，4-二氯苯酚的去除率来衡量。同时考察不同的 PAA 浓度对经其改性的纳米 Pd/Fe 双金属催化还原脱氯性能的影响，结果如图 2－9 所示。由图 2－9 可知，脱氯反应进行 120min 后，未改性纳米 Pd/Fe 双金属对 2，4-二氯苯酚的去除率仅为 51%，而经过 PAA(0.1%)、PAA(0.5%) 和 PAA(1%) 改性的纳米 Pd/Fe 双金属对 2，4-二氯苯酚的去除率达到了 98%，96% 和 66%，比未改性的纳米 Pd/Fe 双金属分别提高了 47%，45% 和 15%。显然，与未改性的纳米 Pd/Fe 双金属相比，经过 PAA 改性的纳米 Pd/Fe 双金属对 2，4-二氯苯酚的催化还原脱氯性能有了显著的提高，但在一定的浓度范围内（0.1% ~ 0.5%），PAA 的浓度对改性纳米 Pd/Fe 双金属催化还原脱氯性能的影响并不显著。

PAA 有利于提高纳米 Pd/Fe 双金属的催化还原脱氯活性。其可能的原因在于：未改性的纳米 Pd/Fe 双金属发生了严重的团聚且已明显氧化（见图 2－4a、图 2－5a 和图 2－7），而经 PAA 改性后纳米 Pd/Fe 双金属的分散性和抗氧化性有了一定的提高，使得改性后的纳米 Pd/Fe 双金属的比表面积增大，有效铁的含量增加，进而提高了其对 2，4-二氯苯酚的催化还原能力。然而有趣的是，PAA（0.1%）和 PAA（0.5%）改性的纳米 Pd/Fe 双金属对 2，4-二氯苯酚的去除率随时间变化的规律十分相近，且在任一时刻，二者对 2，4-二氯苯酚的去除率均大于 PAA（1%）改性的纳米 Pd/Fe 双金属。这可能由于：在一定的浓度范围内（如 0.1% ~ 0.5%）PAA 可以通过氢键、缠绕以及交联作用形成凝胶网状结构，从而提供足够的空间位阻以利于纳米颗粒的分散，但过量的 PAA 可能占据双金属表面的反应位，阻碍了目标污染物与双金属之间的质量传递和电子传递过程[2,3]，从而导致其对目标污染物的去除率降低。

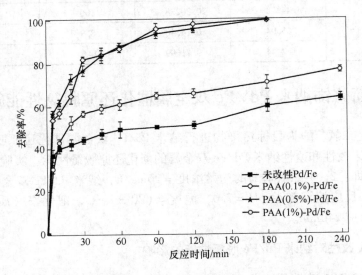

图 2 - 9　PAA 改性的纳米 Pd/Fe 双金属对 2，4-二氯苯酚的去除率

2.4.2　CTAB 改性对纳米 Pd/Fe 脱氯性能的影响

　　未改性和 CTAB 改性的纳米 Pd/Fe 双金属对 2，4-二氯苯酚的催化还原脱氯性能以脱氯体系中 2，4-二氯苯酚的去除率来衡量。将 0.036g CTAB 溶解在不同比例（11∶1，7∶1 和 5∶1）的去离子水/乙醇溶液中，以考察其对 CTAB 改性的纳米 Pd/Fe 双金属催化还原脱氯性能的影响，其结果如图 2 - 10 所示。由图 2 - 10 可知，脱氯反应进行 45min 后，未改性的纳米 Pd/Fe 双金属对 2，4-二氯苯酚的去除率仅为 47%，而 CTAB（11∶1），CTAB（7∶1）和 CTAB（5∶1）改性的纳米 Pd/Fe 双金属对 2，4-二氯苯酚的去除率分别达到 96%，99% 和 94%，比未改性的纳米 Pd/Fe 双金属提高了 49% ~ 52%。可见，与未改性的纳米 Pd/Fe 双金属相比，经过 CTAB 改性的纳米 Pd/Fe 双金属对 2，4-二氯苯酚的催

化还原脱氯性能有了显著的提高，但去离子水/乙醇的比例对 CTAB 改性的纳米 Pd/Fe 双金属催化还原脱氯性能的影响不大。

CTAB/乙醇/水体系有利于提高纳米 Pd/Fe 双金属的催化还原脱氯活性。其可能的原因在于 CTAB 和乙醇的共同作用可以有效提高纳米颗粒的分散性和抗氧化性。一方面，CTAB 通过静电稳定和空间位阻作用来控制新合成的纳米 Pd/Fe 双金属的分散性，并使其具备一定的抗氧化能力；另一方面，乙醇可在纳米颗粒合成前起到分散前驱物离子的作用，而在纳米颗粒形成后又可以通过影响 CTAB 的界面行为[4,5]来调节 CTAB 与纳米颗粒之间的相互作用，使其更有利于提高纳米颗粒的分散性和抗氧化性，但在一定范围内，这种调节作用是有限的，因而其对纳米 Pd/Fe 双金属性能的影响十分有限，进而表现出相近的催化还原脱氯行为。

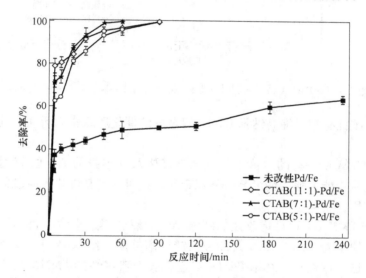

图 2-10 CTAB 改性的纳米 Pd/Fe 双金属对 2,4-二氯苯酚的去除率

2.4.3 PMMA 改性对纳米 Pd/Fe 脱氯性能的影响

未改性和 PMMA 改性的纳米 Pd/Fe 双金属对 2,4-二氯苯酚的催化还原脱氯性能以 2,4-二氯苯酚的去除率来衡量。同时考察质量比（质量分数）为 4%，7% 和 10% 的 PMMA/苯甲醚溶液对经其改性的纳米 Pd/Fe 双金属催化还原脱氯性能的影响，其结果如图 2-11 所示。由图 2-11 可知，脱氯反应进行 30min 后，未改性的纳米 Pd/Fe 双金属对 2,4-二氯苯酚的去除率仅为 44%，而 PMMA（4%）、PMMA（7%）和 PMMA（10%）改性的纳米 Pd/Fe 双金属对 2,4-二氯苯酚的去除率分别达到了 85%，86% 和 100%，比未改性的提高了 41%~56%。显然，与未改性的纳米 Pd/Fe 双金属相比，PMMA 改性的纳米 Pd/Fe 双金属对 2,4-二氯苯酚的催化还原脱氯性能有了显著的提高，且其脱氯性能随 PMMA/苯

甲醚质量比的增加而缓慢增强。

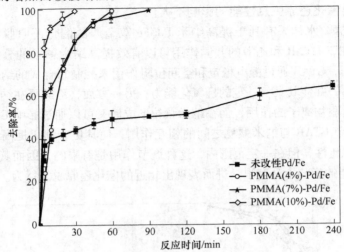

图 2 - 11 PMMA 改性的纳米 Pd/Fe 双金属对 2，4-二氯苯酚的去除率

PMMA 改性有利于提高纳米 Pd/Fe 双金属的催化还原脱氯活性。其可能的原因在于：

（1）PMMA 所特有的"梳子"状三维结构及其本身的疏水性有利于获得分散性好，抗氧化能力强的纳米 Pd/Fe 双金属，这对提高其催化还原脱氯活性起到了积极的作用；

（2）当 PMMA 表面修饰改性的纳米 Pd/Fe 双金属进入含有目标污染物的液相主体时，原本卷曲的 PMMA 大部分长链逐渐舒展，纳米 Pd/Fe 双金属逐渐裸露出来。在这一过程中，纳米 Pd/Fe 双金属表面疏水性的 PMMA 既能保证纳米 Pd/Fe 双金属在溶液中的分散性和稳定性，又能将 2，4-二氯苯酚强烈吸附到纳米 Pd/Fe 双金属的表面，从而有效提高了改性纳米 Pd/Fe 双金属对 2，4-二氯苯酚的去除率。PMMA 改性的纳米 Pd/Fe 双金属对 2，4-二氯苯酚的去除率随着 PMMA/苯甲醚的质量比的增加而缓慢升高，可能是由于参与改性的 PMMA 的量越多，其对纳米 Pd/Fe 双金属的物理化学性能的控制力越强，同时也越有利于目标污染物与纳米 Pd/Fe 双金属之间的质量传递。

2.5 表面修饰纳米 Pd/Fe 双金属催化还原脱氯路径研究

未改性和改性纳米 Pd/Fe 双金属对 2，4-二氯苯酚催化还原脱氯的中间产物和终产物见图 2 - 12 ~ 图 2 - 15。有机物浓度以某一时刻 t（min）溶液中的浓度 C（mg/L）相对于 2，4-二氯苯酚的初始浓度 C_0（mg/L）表示。未加入纳米 Pd/Fe

双金属的2，4-二氯苯酚溶液空白控制样用于检测实验过程中目标污染物因挥发而产生的损失。由实验结果可知，在整个实验过程中，2，4-二氯苯酚的损失可忽略不计。

未改性纳米 Pd/Fe 双金属对2，4-二氯苯酚催化还原脱氯的产物分布随时间的变化关系如图2－12所示。由图可知，反应开始的前5min，溶液中2，4-二氯苯酚的浓度迅速降低，随后缓慢减少。在这一体系中，2，4-二氯苯酚的降解是逐级脱氯的结果，即2，4-二氯苯酚首先转化为2-氯酚和4-氯酚，然后再转化为苯酚。然而对其进行质量衡算时发现：中间产物和终产物的产量远远低于2，4-二氯苯酚减少的量。其可能的原因在于：

（1）溶液中2，4-二氯苯酚减少的量是未改性纳米 Pd/Fe 双金属表面的氧化层强烈吸附的结果，而实际被转化的量很少；

（2）溶液中2，4-二氯苯酚被吸附后发生逐级转化，但转化的产物没有扩散到液相主体中。

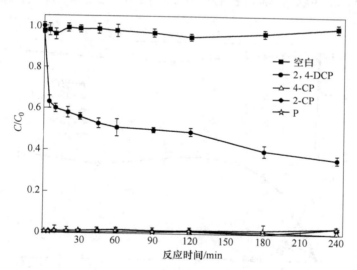

图2－12　未改性纳米 Pd/Fe 双金属对2，4-二氯苯酚脱氯产物分布

PAA、CTAB 和 PMMA 改性的纳米 Pd/Fe 双金属对2，4-二氯苯酚催化还原脱氯的产物浓度随时间的变化关系分别如图2－13～图2－15所示。由图可知，改性纳米 Pd/Fe 双金属对2，4-二氯苯酚的催化还原脱氯行为具有很强的相似性：

（1）其催化还原脱氯的中间产物均为2-氯酚和4-氯酚，终产物为苯酚；

（2）反应开始的前5min，溶液中2，4-二氯苯酚的浓度迅速降低，随后缓慢减少。但有趣的是，反应体系中检测不到目标污染物和中间产物，实际检测到的终产物苯酚的量没有达到相应的理论值，这一结果与 Wei 等[6]，Zhang 等[7]的研究结果类似。这可能是由于部分2，4-二氯苯酚以及反应生成的中间产物2-氯酚

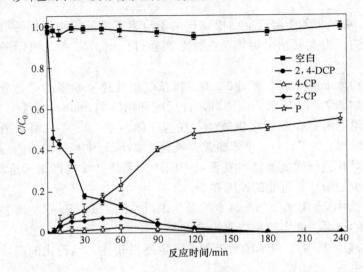

图 2 – 13 PAA 改性的纳米 Pd/Fe 双金属对 2, 4-二氯苯酚脱氯产物分布

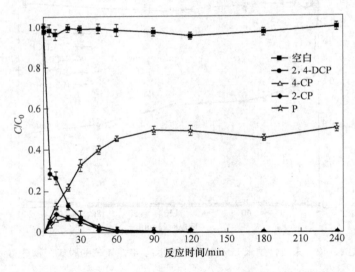

图 2 – 14 CTAB 改性的纳米 Pd/Fe 双金属对 2, 4-二氯苯酚脱氯产物分布

和 4-氯酚吸附在纳米 Pd/Fe 双金属颗粒的非活性反应位上而没有完全降解，或是反应生成的苯酚吸附在纳米 Pd/Fe 双金属的表面而没有进入液相主体；

（3）2-氯酚为主要中间产物，其在体系中出现的时间早于 4-氯酚，且生成量高于 4-氯酚，这说明 2, 4-二氯苯酚对位上的氯比邻位上的氯更易于脱除，这一点也曾在其他的研究中得到过证实[8,9]；

（4）当改性纳米 Pd/Fe 双金属加入到 2, 4-二氯苯酚溶液中，反应体系中立

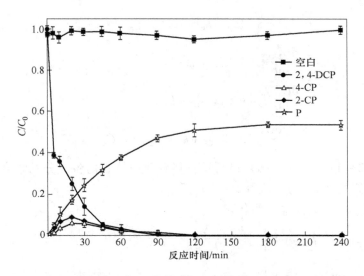

图 2 – 15 PMMA 改性的纳米 Pd/Fe 双金属对 2, 4-二氯苯酚脱氯产物分布

即检测到有苯酚生成, 甚至先于中间产物 2-氯酚和 4-氯酚出现, 这可能是由于部分 2, 4-二氯苯酚直接转化成了苯酚而不需要经过中间步骤。

基于以上讨论, 改性纳米 Pd/Fe 双金属对 2, 4-二氯苯酚催化还原脱氯的作用机理如图 2 – 16 所示。

与图 2 – 16 对应, 纳米 Pd/Fe 双金属对 2, 4-二氯苯酚加氢脱氯的反应路径如图 2 – 17 所示, 图中 $k_1 \sim k_5$ 表示分步反应的动力学常数。

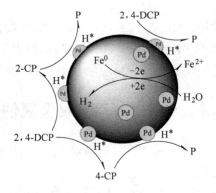

图 2 – 16 纳米 Pd/Fe 双金属对
2, 4-二氯苯酚的脱氯机理图

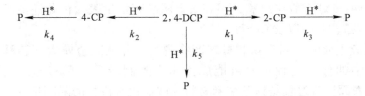

图 2 – 17 纳米 Pd/Fe 双金属对 2, 4-二氯苯酚加氢脱氯的反应路径

与图 2 – 17 对应, 体系中反应物 (2, 4-二氯苯酚)、中间产物 (2-氯酚和 4-氯酚) 及终产物 (苯酚) 的反应速率可用式 (2 – 3) ~ 式 (2 – 6) 表示:

$$-\frac{\mathrm{d}C_{2,4-\mathrm{DCP}}}{\mathrm{d}t} = (k_1 + k_2 + k_5) C_{2,4-\mathrm{DCP}} \tag{2-3}$$

$$\frac{\mathrm{d}C_{2-\mathrm{CP}}}{\mathrm{d}t} = k_1 C_{2,4-\mathrm{DCP}} - k_3 C_{2-\mathrm{CP}} \tag{2-4}$$

$$\frac{\mathrm{d}C_{4-\mathrm{CP}}}{\mathrm{d}t} = k_2 C_{2,4-\mathrm{DCP}} - k_4 C_{4-\mathrm{CP}} \tag{2-5}$$

$$\frac{\mathrm{d}C_{\mathrm{P}}}{\mathrm{d}t} = k_3 C_{2-\mathrm{CP}} + k_4 C_{4-\mathrm{CP}} + k_5 C_{2,4-\mathrm{DCP}} \tag{2-6}$$

分别对式（2-3）~式（2-6）进行积分得到反应体系内各成分的浓度随时间的变化关系，如式（2-7）~式（2-10）所示：

$$C_{2,4-\mathrm{DCP}} = C_{2,4-\mathrm{DCP},0} \mathrm{e}^{-(k_1+k_2+k_5)t} \tag{2-7}$$

$$C_{2-\mathrm{CP}} = C_{2,4-\mathrm{DCP},0} \times \left[\frac{k_1}{k_3 - (k_1 + k_2 + k_5)} (\mathrm{e}^{-(k_1+k_2+k_5)t} - \mathrm{e}^{-k_3t}) \right] \tag{2-8}$$

$$C_{4-\mathrm{CP}} = C_{2,4-\mathrm{DCP},0} \times \left[\frac{k_2}{k_4 - (k_1 + k_2 + k_5)} (\mathrm{e}^{-(k_1+k_2+k_5)t} - \mathrm{e}^{-k_4t}) \right] \tag{2-9}$$

$$C_{\mathrm{P}} = C_{2,4-\mathrm{DCP},0} - C_{2-\mathrm{CP}} - C_{4-\mathrm{CP}} - C_{2,4-\mathrm{DCP}} \tag{2-10}$$

式中，$C_{2,4-\mathrm{DCP},0}$ 表示 2,4-二氯苯酚的初始浓度，mg/L；$C_{2,4-\mathrm{DCP}}$，$C_{2-\mathrm{CP}}$，$C_{4-\mathrm{CP}}$ 和 C_{P} 分别表示某一时刻反应溶液中 2,4-二氯苯酚,2-氯酚,4-氯酚的浓度，mg/L；$k_1 \sim k_5$ 表示分步反应动力学常数，min^{-1}；t 表示取样时间，min。

2.6　纳米 Pd/Fe 双金属催化还原脱氯反应动力学研究

纳米 Pd/Fe 双金属对 2,4-二氯苯酚的脱氯反应涉及一系列的表面反应过程，包括：

（1）2,4-二氯苯酚从液相主体转移到纳米 Pd/Fe 双金属表面；

（2）2,4-二氯苯酚吸附到双金属表面，在 Pd/Fe 双金属表面形成高浓度反应相；

（3）2,4-二氯苯酚与纳米 Pd/Fe 双金属之间发生表面催化还原反应，生成 2-氯酚、4-氯酚、苯酚以及 Cl^- 等；

（4）反应生成的中间产物和最终产物脱附，并从双金属表面转移至液相主体中。这其中的任一过程都有可能成为速率限制步骤。事实上，大量研究表明[6,10-16]，表面反应过程是铁基纳米材料降解氯代有机物的限制步骤，而吸附或脱附过程的影响可以通过加强传质来消除，则其降解行为符合一级或准一级动力学模型。但如果吸附作用的影响不可忽略，则其降解行为可能就不符合一级或准一级动力学模型。

未改性和改性纳米 Pd/Fe 双金属对 2,4-二氯苯酚的去除可能是吸附和化学降解共同作用的结果。如图 2－12 所示，未改性纳米 Pd/Fe 双金属作用的反应体系中，2，4-二氯苯酚的浓度在反应的前 5min 迅速降低后趋于平缓，而生成的中间产物和终产物的总量却远远低于 2，4-二氯苯酚消失的量。这很可能是未改性纳米 Pd/Fe 双金属表面的氧化物对 2，4-二氯苯酚的强烈吸附而不是化学降解的结果，因而未改性纳米 Pd/Fe 双金属对 2，4-二氯苯酚的催化还原脱氯行为不能用一级或准一级动力学模型拟合。又如图 2－13～图 2－15 所示，改性纳米 Pd/Fe 双金属作用的反应体系中，2，4-二氯苯酚的浓度在反应的前 5min 迅速降低后趋于平缓，但此时体系中所能检测到的苯酚的量却没有达到相应的理论值。可见，改性纳米 Pd/Fe 双金属对 2，4-二氯苯酚的去除至少经历了两个阶段：第一阶段，2，4-二氯苯酚的去除主要是改性纳米 Pd/Fe 双金属对 2，4-二氯苯酚的强烈吸附伴随轻微化学降解的结果；第二阶段，2，4-二氯苯酚的浓度缓慢降低，苯酚的浓度迅速升高主要是化学降解的结果。显然，改性纳米 Pd/Fe 双金属对 2，4-二氯苯酚的催化还原脱氯行为也不能用一级或准一级动力学模型拟合。因此，对准一级动力学模型（式（2－7））进行了修正，如式（2－11）所示：

$$C_{2,4-DCP} = \alpha \times C_{2,4-DCP,0} e^{-k_a \cdot k_c \cdot t} + (1-\alpha) \times C_{2,4-DCP,0} e^{-k_c \cdot t} \qquad (2-11)$$

式中，$C_{2,4-DCP,0}$ 表示 2，4-二氯苯酚的初始浓度，mg/L；$C_{2,4-DCP}$ 表示某一时刻反应溶液中 2，4-二氯苯酚的浓度，mg/L；k_a 表示吸附常数，min^{-1}；k_c 表示化学降解常数，min^{-1}；t 表示取样时间，min；α 和 $1-\alpha$ 分别表示第一阶段反应和第二阶段反应所占的比例，α 的值越大说明发生第一阶段反应的 2，4-二氯苯酚越多，那么发生第二阶段反应的 2，4-二氯苯酚也就越少。

根据式（2－11）对实验数据进行非线性最小平方拟合，拟合曲线如图 2－18～图 2－20 所示。由非线性最小平方得到的吸附常数 k_a，化学降解常数 k_c，第一阶段反应所占比例 α 以及拟合的相关系数列于表 2－3 中。由表中所列的相关系数（$R^2 > 0.99$）可知，修正的动力学模型可以很好地符合纳米 Pd/Fe 双金属对 2，4-二氯苯酚的催化还原脱氯实验的实测值。这说明纳米 Pd/Fe 双金属对 2，4-二氯苯酚的去除过程中，2，4-二氯苯酚吸附到纳米 Pd/Fe 双金属表面的过程是不可忽视的。表 2－3 中的 k_a 和 k_c 能够反映纳米 Pd/Fe 双金属对 2，4-二氯苯酚的催化还原脱氯的本质，但却很难从图 2－18～图 2－20 找出直接的证据，这主要是由于曲线图中反映较为明显的是第一阶段反应的变化规律，而第一阶段反应又是吸附和化学降解共同作用的结果。因此，拟合数据应能够更加直观地反映第一阶段中 2，4-二氯苯酚的变化规律，计算出 k_a 和 k_c 的乘积值，并将其列于表 2－3 中。

由表 2－3 可知，k_a 和 k_c 的乘积值不仅能够真实地反映 2，4-二氯苯酚的宏观变化规律，而且能从微观上对比出不同双金属体系的本质区别。例如，在未改性纳米 Pd/Fe 双金属作用的反应体系中，k_a 和 k_c 的乘积值为 0.002，低于改性纳米 Pd/Fe 双金属作用的反应体系，这与改性纳米 Pd/Fe 双金属能够显著提高 2，

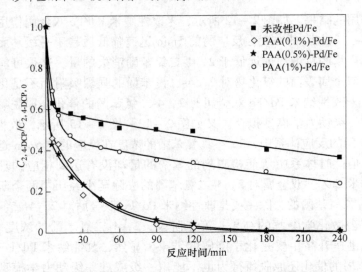

图 2-18　PAA 改性纳米 Pd/Fe 双金属对 2，4-二氯苯酚脱氯拟合曲线

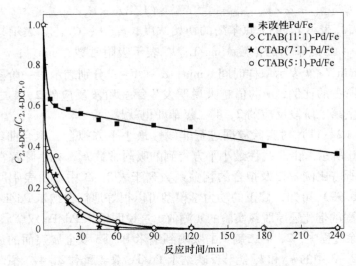

图 2-19　CTAB 改性纳米 Pd/Fe 双金属对 2，4-二氯苯酚脱氯拟合曲线

4-二氯苯酚去除率的事实相符。再如，在 PAA（0.1%）、PAA（0.5%）和 PAA（1%）改性的纳米 Pd/Fe 双金属体系中，k_a 和 k_c 的乘积值分别为 0.028，0.023 和 0.003。可见，参与改性的 PAA 浓度越低 k_a 和 k_c 的乘积值越大，说明低浓度有利于提高经其改性的纳米 Pd/Fe 双金属的催化还原脱氯性能，但在一定的浓度范围（如 0.1% ~ 0.5%）内，k_a 和 k_c 的乘积值变化不大。这正好反映了 PAA（0.1%）和 PAA（0.5%）改性的纳米 Pd/Fe 双金属对 2，4-二氯苯酚相似的催化还原脱氯行为以及 PAA（1%）改性的纳米 Pd/Fe 双金属相对较低的反应活性。

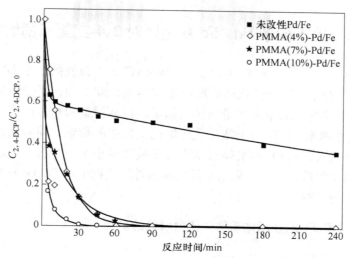

图 2 - 20 PMMA 改性纳米 Pd/Fe 双金属对 2，4-二氯苯酚脱氯拟合曲线

又如，CTAB（11∶1），CTAB（7∶1）和 CTAB（5∶1）改性的纳米 Pd/Fe 双金属体系中，k_a 和 k_c 的乘积值分别为 0.035，0.058 和 0.044，很好地证明了 CTAB（7∶1）最有利于提高改性纳米 Pd/Fe 双金属的催化还原脱氯性能这一结论。最后，PMMA（4%）、PMMA（7%）和 PMMA（10%）改性的纳米 Pd/Fe 双金属体系中，k_a 和 k_c 的乘积值分别为 0.071，0.041 和 0.107。显然，该值与图 2 - 20 中不同质量比 PMMA/苯甲醚改性的纳米 Pd/Fe 双金属对 2，4-二氯苯酚去除的变化规律相符，且 PMMA/苯甲醚的质量比越大越有利于提高改性纳米 Pd/Fe 双金属的催化还原脱氯性能。

表 2 - 3 纳米 Pd/Fe 双金属对 2，4-二氯苯酚脱氯拟合数据

Pd/Fe	k_a/min^{-1}	k_c/min^{-1}	$k_a \times k_c$	α	R^2
未改性 Pd/Fe	0.005	0.462	0.002	0.5985	0.9937
PAA（0.1%）-Pd/Fe	0.009	3.060	0.028	0.5453	0.9918
PAA（0.5%）-Pd/Fe	0.036	0.637	0.023	0.4588	0.9988
PAA（1%）-Pd/Fe	0.018	0.160	0.003	0.4683	0.9982
CTAB（11∶1）-Pd/Fe	0.009	3.843	0.035	0.2732	0.9982
CTAB（7∶1）-Pd/Fe	0.020	2.882	0.058	0.4110	0.9969
CTAB（5∶1）-Pd/Fe	0.013	3.409	0.044	0.4906	0.9967
PMMA（4%）-Pd/Fe（质量分数）	0.309	0.230	0.071	1.1624	0.9995
PMMA（7%）-Pd/Fe（质量分数）	0.012	3.399	0.041	0.5101	0.9958
PMMA（10%）-Pd/Fe（质量分数）	0.170	0.627	0.107	0.2323	0.9998

2.7　不同条件下纳米 Pd/Fe 双金属对 2,4-二氯苯酚脱氯研究

选择 PAA(0.1%)，CTAB(7∶1) 和 PMMA(7%) 改性的纳米 Pd/Fe 双金属体系对 2,4-二氯苯酚进行催化还原脱氯影响因素研究实验，通过测定反应体系中 2,4-二氯苯酚的去除量来衡量颗粒投加量，目标污染物初始浓度以及溶液初始 pH 值对改性纳米 Pd/Fe 双金属催化还原脱氯效率的影响。同时采用修正的反应动力学模型式（2-11）对实验数据进行非线性最小平方拟合，通过拟合得到的一系列动力学常数，进一步揭示不同实验条件对改性纳米 Pd/Fe 双金属催化还原反应动力学的影响。

2.7.1　PAA-Pd/Fe 双金属体系催化还原脱氯的研究

2.7.1.1　颗粒投加量的影响

设定溶液的初始 pH 值为 7，反应温度为（201±1）℃，2,4-二氯苯酚的初始浓度为 20mg/L，反应 60min。考察 PAA(0.1%) 改性的纳米 Pd/Fe 双金属的投加量（5g/L，7g/L，10g/L 和 14g/L）对其催化还原脱氯效率和反应动力学常数的影响，结果如图 2-21 和表 2-4 所示。

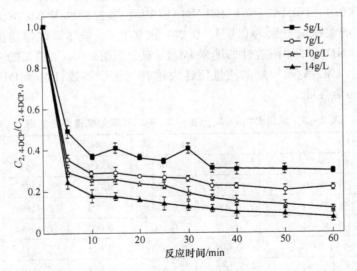

图 2-21　颗粒投加量对 PAA 改性纳米 Pd/Fe 双金属脱氯性能的影响

由图 2-21 可知，PAA 改性的纳米 Pd/Fe 双金属的投加量对其催化还原脱氯效率有较明显的影响。PAA 改性的纳米 Pd/Fe 双金属体系对 2,4-二氯苯酚的去除率随投加量的增加而增加。这可能是因为纳米 Pd/Fe 双金属对 2,4-二氯苯酚

的催化还原脱氯发生在双金属表面，而加大纳米 Pd/Fe 双金属的投加量可以同时增加纳米 Pd/Fe 双金属与 2，4-二氯苯酚的接触面积以及催化剂钯的含量，因而有助于催化还原脱氯反应的进行，进而提高了反应体系对 2，4-二氯苯酚的去除率。

表 2-4　反应条件对 PAA 改性的纳米 Pd/Fe 双金属脱氯动力学常数的影响

初始浓度 /mg·L^{-1}	投加量 /g·L^{-1}	pH	α	k_a/min^{-1}	k_c/min^{-1}	$k_a \times k_c$	R^2
20	5	7	0.4154	0.0150	0.3945	0.0059	0.9785
20	7	7	0.3136	0.0143	0.5116	0.0073	0.9974
20	10	7	0.3234	0.0061	2.8164	0.0173	0.9984
20	14	7	0.2237	0.0308	0.5899	0.0182	0.9996
5	10	7	0.1429	0.0358	0.5524	0.0198	0.9983
10	10	7	0.2431	0.0234	0.8118	0.0190	0.9991
40	10	7	0.3405	0.0172	0.5450	0.0094	0.9956
20	10	5	0.1865	0.0274	0.6534	0.0179	0.9971
20	10	6	0.2424	0.0284	0.6086	0.0176	0.9990
20	10	8	0.0874	0.0509	0.4905	0.0250	0.9997
20	10	9	0.4489	0.0024	0.1704	0.0004	0.9726

由表 2-4 可知，PAA 改性的纳米 Pd/Fe 双金属的投加量对其催化还原脱氯动力学常数有较为明显的影响。与投加量 =5g/L，7g/L，10g/L，14g/L 对应，k_a 和 k_c 的乘积值分别为 0.0059，0.0073，0.0173 和 0.01820。显然，随着投加量的增大其反应速率常数也增大。但投加量达到一定值（10g/L）时，继续增加纳米 Pd/Fe 双金属的投加量对其反应速率常数的增加效果趋于平缓，因而没有必要通过加大投加量来提高双金属体系对 2，4-二氯苯酚的去除率。

2.7.1.2　初始浓度的影响

设定溶液的初始 pH 值为 7，反应温度为（20±1）℃，PAA（0.1%）改性的纳米 Pd/Fe 双金属的投加量为 10g/L，反应 60min。考察 2，4-二氯苯酚的初始浓度（5mg/L，10mg/L，20mg/L 和 40mg/L）对 PAA（0.1%）改性的纳米 Pd/Fe 双金属催化还原脱氯效率和反应动力学常数的影响，结果如图 2-22 和表 2-4 所示。

由图 2-22 可知，目标污染物的初始浓度对 PAA 改性的纳米 Pd/Fe 双金属的催化还原脱氯效率有较明显的影响。脱氯反应进行 10min 后，随着 2，4-二氯苯酚的初始浓度从 5mg/L 增加到 40mg/L，体系中 2，4-二氯苯酚的去除率从

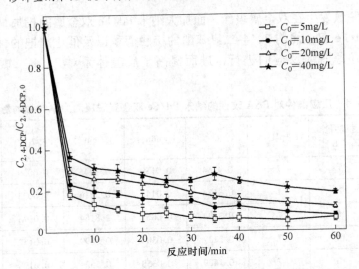

图 2 - 22 2，4-二氯苯酚初始浓度对 PAA 改性纳米 Pd/Fe 双金属脱氯性能的影响

86% 降低到 69%。这说明 PAA 改性的纳米 Pd/Fe 双金属体系对 2，4-二氯苯酚的去除率随着 2，4-二氯苯酚的初始浓度的增加而减小。

由表 2 - 4 可知，2，4-二氯苯酚的初始浓度对 PAA 改性的纳米 Pd/Fe 双金属催化还原脱氯动力学常数有较为明显的影响。当 2，4-二氯苯酚的初始浓度从 5mg/L 增加到 40mg/L，其相应的 k_a 和 k_c 的乘积值也从 0.0198 降到 0.0094。显然，在纳米 Pd/Fe 双金属投加量一定的情况下，目标污染物的初始浓度越大，越不利于催化还原脱氯反应的进行。其可能的原因在于，双金属表面的活性位点是一定的，目标污染物的浓度越低，双金属表面的处理负荷越低，2，4-二氯苯酚的去除效果也就越好。

2.7.1.3 pH 值的影响

设定 PAA（0.1%）改性的纳米 Pd/Fe 双金属的投加量为 10g/L，2，4-二氯苯酚的初始浓度为 20mg/L，反应温度为（20 ± 1）℃，反应 60min。不同初始 pH 值（5，6，7，8，9）的反应溶液采用盐酸溶液（0.1mol/L）和氢氧化钠溶液（0.1mol/L）来调节。考察其对 PAA（0.1%）改性的纳米 Pd/Fe 双金属催化还原脱氯效率和反应动力学常数的影响，结果如图 2 - 23 和表 2 - 4 所示。

由图 2 - 23 可知，溶液的初始 pH 值对 PAA 改性的纳米 Pd/Fe 双金属催化还原脱氯效率有较明显的影响。当 pH 值 = 5 ~ 7 时，PAA 改性的纳米 Pd/Fe 双金属对 2，4-二氯苯酚的去除效率随 pH 值的升高而降低，当溶液的初始 pH 值为 8 时，溶液中 2，4-二氯苯酚的去除率发生突变，达到最高值，而当 pH 值 = 9 时，体系中 2，4-二氯苯酚的去除率又降低。另外，由表 2 - 4 可知，溶液的初始 pH 值对 PAA 改性的纳米 Pd/Fe 双金属催化还原脱氯动力学常数也有较为明显的影

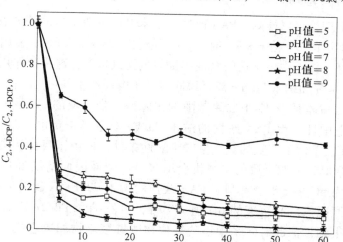

图 2-23 溶液 pH 值对 PAA 改性纳米 Pd/Fe 双金属脱氯性能的影响

响。与 pH 值 = 5，6，7，8，9 对应，k_a 和 k_c 的乘积值分别为 0.0179、0.0176、0.0173、0.0250 和 0.0004，其变化规律与图 2-23 相吻合。

　　溶液 pH 值对 PAA 改性的纳米 Pd/Fe 双金属催化还原脱氯的影响可能基于两大理论。第一，酸性条件有利于铁及其氧化物的腐蚀理论。首先，在酸性条件下，PAA 改性的纳米 Pd/Fe 双金属表面轻微的氧化所带来的不利影响得到缓解，使更多的有效铁裸露出来与目标污染物接触；其次，在酸性条件下，铁剧烈腐蚀而产生大量的氢气，使得体系中的催化加氢反应更加剧烈，从而有效提高了 PAA 改性的纳米 Pd/Fe 双金属对 2，4-二氯苯酚的去除效率；最后，在酸性条件下，纳米 Pd/Fe 双金属表面不易形成钝化层，从而提供了更多新鲜的表面反应位[17,18]，而碱性条件则会加速在铁的表面形成氢氧化铁沉淀[19]，不仅使铁与水的腐蚀产生 H_2 过程减缓，而且阻碍了目标污染物到催化剂表面的传质过程，最终阻碍了脱氯反应的进行。第二，等电点理论。通常情况下，颗粒分散得越好，与目标污染物接触的面积越大，其脱氯活性就越高。而颗粒表面的电荷受溶液 pH 值的影响：溶液的 pH 值越接近纳米颗粒的等电点，颗粒之间越容易发生团聚；而溶液的 pH 值越远离等电点，颗粒越能稳定地在溶液中分散。同时，溶液 pH 值的改变也会对 2，4-二氯苯酚的带电状态产生影响：由于 2，4-二氯苯酚的等电点 pH 值 = 7.8，因而可以认为在 pH 值 = 8 附近，2，4-二氯苯酚不带电，当溶液的 pH 值 < 8 时，2，4-二氯苯酚带正电，而当溶液的 pH 值 > 8 时，2，4-二氯苯酚带负电。溶液 pH 值对反应体系中 2，4-二氯苯酚和纳米 Pd/Fe 双金属综合作用的结果最终影响了反应体系对 2，4-二氯苯酚的去除效率。

根据以上理论可以推测，PAA改性的纳米Pd/Fe双金属的等电点很可能在中性附近。当溶液的pH值＝5～7时，pH值越低，纳米Pd/Fe双金属在溶液中的分散效果越好，体系中由于铁的腐蚀产生的氢气也越多，这两种作用的效力大于因2，4-二氯苯酚和纳米Pd/Fe双金属同时带正电而产生的斥力。因而，pH值越低越有利于提高体系中2，4-二氯苯酚的去除率。当溶液的pH值＝8时，2，4-二氯苯酚显电中性，而PAA改性的纳米Pd/Fe双金属带负电，两者相互吸引。虽然这个pH值条件下产生的氢气量低于酸性条件，但由于目标污染物与分散效果较好的纳米Pd/Fe双金属的接触机会增多，双金属表面的活性位点得到了充分利用，因而pH值＝8最有利于PAA改性的纳米Pd/Fe双金属对2，4-二氯苯酚的催化还原脱氯。当溶液的pH值＝9时，虽然纳米Pd/Fe双金属在溶液中的分散效果很好，但此时体系中铁的氧化物或氢氧化物加速生成，影响了铁的腐蚀放氢和传质过程，而且带负电的纳米Pd/Fe双金属和带负电的2，4-二氯苯酚相互排斥，因此，pH值＝9时，双金属体系对2，4-二氯苯酚的去除率又迅速降低。

2.7.2　CTAB-Pd/Fe双金属体系催化还原脱氯的研究

2.7.2.1　投加量的影响

设定溶液的初始pH值为7，反应温度为（20±1）℃，2，4-二氯苯酚的初始浓度为20mg/L，反应60min。考察CTAB（7∶1）改性的纳米Pd/Fe双金属的投加量（5g/L，7g/L，10g/L和14g/L）对其催化还原脱氯效率和反应动力学常数的影响，结果如图2-24和表2-5所示。

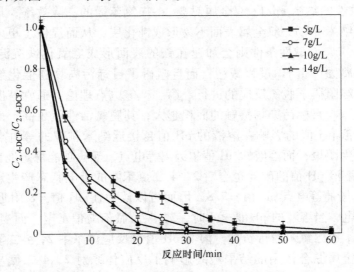

图2-24　颗粒投加量对CTAB改性纳米Pd/Fe双金属脱氯性能的影响

表 2-5 反应条件对 CTAB 改性纳米 Pd/Fe 双金属脱氯动力学常数的影响

初始浓度 /mg · L^{-1}	投加量 /g · L^{-1}	pH	α	k_a/min^{-1}	k_c/min^{-1}	$k_a \times k_c$	R^2
20	5	7	0.6742	0.2207	0.2850	0.0629	0.9993
20	7	7	0.7178	0.1029	0.9202	0.0947	0.9992
20	10	7	0.6206	0.0355	3.0984	0.1099	0.9979
20	14	7	0.7903	0.0736	2.6639	0.1959	0.9996
5	10	7	0.4878	0.0449	3.2456	0.1459	0.9992
10	10	7	0.5474	0.0386	3.1758	0.1225	0.9979
40	10	7	0.6390	0.1393	0.4750	0.0662	0.9982
20	10	5	0.8029	0.0521	2.9726	0.1547	0.9947
20	10	6	0.7462	0.2497	0.5917	0.1478	0.9999
20	10	8	0.7280	0.0585	2.9124	0.1702	0.9989
20	10	9	0.8320	0.0144	3.0625	0.0441	0.9937

由图 2-24 可知，CTAB 改性的纳米 Pd/Fe 双金属的投加量对其催化还原脱氯效率有较明显的影响。脱氯反应进行 20 min 后，投加量为 5g/L、7g/L、10g/L、14g/L 的双金属体系中 2，4-二氯苯酚的去除率分别达到 81%、89%、95% 和 98%。可见，CTAB 改性的纳米 Pd/Fe 双金属体系对 2，4-二氯苯酚的去除率随投加量的增加而增加。但投加量越大，其对 2，4-二氯苯酚去除率提高的相对贡献越小，因而从经济效益角度出发，没有必要通过增大投加量来达到提高去除率的目的。

由表 2-5 可知，CTAB 改性的纳米 Pd/Fe 双金属的投加量对其催化还原脱氯动力学常数有较为明显的影响。与投加量为 5g/L、7g/L、10g/L、14g/L 对应，k_a 和 k_c 的乘积值分别为 0.0629、0.0947、0.1099 和 0.1959，且第一阶段反应所占的比例均超过 50%，说明 CTAB 改性的纳米 Pd/Fe 双金属参与的反应大部分是吸附和化学降解共同作用的结果。这可能是由于吸附在纳米 Pd/Fe 双金属表面具有两亲性质的 CTAB 对双金属的表面性质起到了一定的调控作用，使得双金属表面的处理负荷刚好有利于反应的进行，且这种调控作用随着双金属的投加量增大而加强。

2.7.2.2 初始浓度的影响

实验设定溶液的初始 pH 值为 7，反应温度为 (20±1)℃，CTAB(7:1) 改性的纳米 Pd/Fe 双金属的投加量为 10g/L，反应 60 min。考察 2，4-二氯苯酚的初始浓度（5mg/L，10mg/L，20mg/L 和 40mg/L）对 CTAB(7:1) 改性的纳米 Pd/Fe 双金属催化还原脱氯效率和反应动力学常数的影响，结果如图 2-25 和表 2-5 所示。

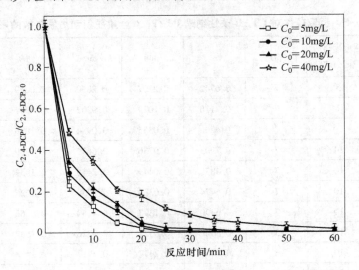

图 2 - 25　2, 4-二氯苯酚初始浓度对 CTAB 改性纳米 Pd/Fe 双金属脱氯性能的影响

　　由图 2 - 25 可知, 目标污染物的初始浓度对 CTAB 改性的纳米 Pd/Fe 双金属的催化还原脱氯效率有较明显的影响。脱氯反应进行 20min 后, 初始浓度为 5mg/L, 10mg/L, 20mg/L 和 40mg/L 的反应体系中, 2, 4-二氯苯酚的去除率分别为 91%, 84%, 76% 和 72%。显然, CTAB 改性的纳米 Pd/Fe 双金属体系对 2, 4-二氯苯酚的去除率随着 2, 4-二氯苯酚的初始浓度的增加而减小。

　　由表 2 - 5 可知, 目标污染物的初始浓度对 CTAB 改性的纳米 Pd/Fe 双金属的催化还原脱氯反应动力学常数有较明显的影响。与初始浓度为 5mg/L, 10mg/L, 20mg/L 和 40mg/L 对应, 其 k_a 和 k_c 的乘积值分别为 0. 1459, 0. 1225, 0. 1099 和 0. 0662。可见, 随着初始浓度的增大, 该值呈现降低的趋势。

2. 7. 2. 3　pH 值的影响

　　设定 CTAB(7 : 1) 改性的纳米 Pd/Fe 双金属的投加量为 10g/L, 2, 4-二氯苯酚的初始浓度为 20mg/L, 反应温度为 (20 ± 1)℃, 反应 60min。不同初始 pH 值 (5, 6, 7, 8, 9) 的反应溶液采用盐酸溶液 (0. 1mol/L) 和氢氧化钠溶液 (0. 1mol/L) 来调节。考察其对 CTAB(7 : 1) 改性的纳米 Pd/Fe 双金属催化还原脱氯效率和反应动力学常数的影响, 结果如图 2 - 26 和表 2 - 5 所示。

　　由图 2 - 26 可知, 溶液的初始 pH 值对 CTAB 改性的纳米 Pd/Fe 双金属催化还原脱氯效率有一定的影响。脱氯反应进行 20 min 后, 溶液的初始 pH 值 = 5、6、7、8 和 9 的反应体系中, 2, 4-二氯苯酚的去除率分别为 98%, 96%, 95%, 99% 和 68%。显然, 溶液的初始 pH 值 = 9 不利于催化还原脱氯反应的进行。而溶液的初始 pH 值 = 5 ~ 8 时, 其对体系中 2, 4-二氯苯酚去除率的影响不大。另外, 由表 2 - 5 可知, 溶液的初始 pH 值对 CTAB 改性的纳米 Pd/Fe 双金属体系的催化还原脱氯性能有较为明显的影响。溶液的初始 pH 值 = 5、6、7、8 和 9 的反应体系中，k_a 和 k_c 的乘积值分别为 0.1547、0.1478、0.1099、0.1702 和 0.0441。可见，当溶液的初始 pH 值 = 9 时，k_a 和 k_c 的乘积值最小；当 pH 值 = 8 时，k_a 和 k_c 的乘积值最大；当 pH 值 = 5～7 时，k_a 和 k_c 的乘积值随着 pH 值的升高而减小。

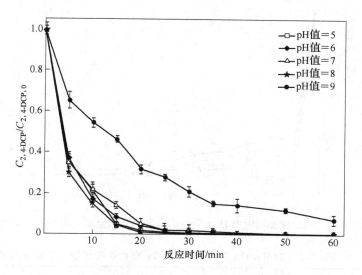

图 2－26　溶液 pH 值对 CTAB 改性纳米 Pd/Fe 双金属脱氯性能的影响

据推测，CTAB 改性的纳米 Pd/Fe 双金属的等电点可能在中性附近。显然，溶液的 pH 值对 CTAB 改性的纳米 Pd/Fe 双金属催化还原脱氯性能的影响规律与 PAA 改性的双金属体系相似，因而其影响机制也十分相似。但与 PAA 改性的纳米 Pd/Fe 双金属体系不同的是：当溶液的 pH 值 = 5～8 时，不同 pH 值之间影响的差值并不十分明显，这可能与 CTAB 的两亲性有关。由于 CTAB 能根据不同的环境条件表现出亲水性或亲油性，因而能够及时调控固 - 液界面的吸附行为：当溶液的 pH 值 = 5～7 时，双金属表面的 CTAB 能将目标污染物吸附到双金属的表面，减弱了纳米 Pd/Fe 双金属和 2，4-二氯苯酚因同时带正电而产生的排斥力，使得目标污染物能够与双金属的表面充分接触。此外，CTAB 还能使纳米 Pd/Fe 双金属稳定分散在溶液中，而不受所处溶液的 pH 值的影响。

2.7.3　PMMA-Pd/Fe 双金属体系催化还原脱氯的研究

2.7.3.1　投加量的影响

设定溶液的初始 pH 值为 7，反应温度为（20 ± 1）℃，2，4-二氯苯酚的初始浓度为 20mg/L，反应 60min。考察 PMMA（7%）改性的纳米 Pd/Fe 双金属的投加量（5g/L，7g/L，10g/L 和 14g/L）对其催化还原脱氯效率及反应动力学常数的影响，结果如图 2 – 27 和表 2 – 6 所示。

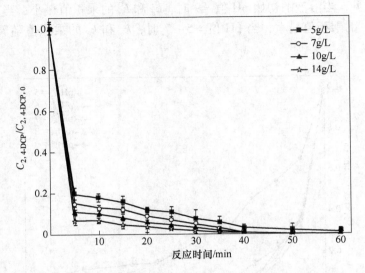

图 2 – 27　颗粒投加量对 PMMA 改性纳米 Pd/Fe 双金属脱氯性能的影响

表 2 – 6　反应条件对 PMMA 改性纳米 Pd/Fe 双金属脱氯动力学常数的影响

初始浓度 /mg·L^{-1}	投加量 /g·L^{-1}	pH	α	k_a/min^{-1}	k_c/min^{-1}	$k_a \times k_c$	R^2
20	5	7	0.2671	0.0118	3.5300	0.0418	0.9974
20	7	7	0.2145	0.0154	3.2875	0.0506	0.9964
20	10	7	0.1587	0.0170	3.1814	0.0542	0.9987
20	14	7	0.1041	0.0167	3.2611	0.0544	0.9995
5	10	7	0.0887	0.1164	0.9441	0.1099	0.9997
10	10	7	0.1207	0.0193	3.2788	0.0632	0.9993
40	10	7	0.2176	0.0114	3.1990	0.0364	0.9943
20	10	5	0.2691	0.0521	2.9726	0.1547	0.9947
20	10	6	0.2176	0.0348	0.6381	0.0222	0.9977
20	10	8	0.1937	0.0639	2.9946	0.1913	0.9989
20	10	9	0.1578	0.0324	2.7887	0.0903	0.9990

由图 2 – 27 可知，PMMA 改性的纳米 Pd/Fe 双金属的投加量对其催化还原脱氯效率具有一定的影响。脱氯反应进行 20min 后，投加量为 5g/L、7g/L、10g/L、14g/L 的双金属体系中 2，4-二氯苯酚的去除率分别达到 88%、91%、94% 和

96%。可见，PMMA 改性的纳米 Pd/Fe 双金属体系对 2，4-二氯苯酚的去除率随投加量的增加而增加，但相对增量不明显。

由表 2-6 可知，PMMA 改性的纳米 Pd/Fe 双金属的投加量对体系中 2，4-二氯苯酚的去除率产生一定的影响，但并不十分明显。投加量为 5g/L，7g/L，10g/L，14g/L 时，其相应的 k_a 和 k_c 的乘积值分别为 0.0418，0.0506，0.0542 和 0.0544。这可能是由于经过 PMMA 改性的纳米 Pd/Fe 双金属具有很强的催化还原脱氯活性，因而当所要处理的目标污染物的浓度一定时，较小的投加量就能在短时间内达到较为理想的处理效果。

2.7.3.2 初始浓度的影响

设定溶液的初始 pH 值为 7，反应温度为（20 ±1）℃，PMMA（7%）改性的纳米 Pd/Fe 双金属的投加量为 10g/L，反应 60min。考察 2，4-二氯苯酚的初始浓度（5mg/L，10mg/L，20mg/L 和 40mg/L）对 PMMA（7%）改性的纳米 Pd/Fe 双金属催化还原脱氯效率和反应动力学常数的影响，结果如图 2-28 和表 2-6 所示。

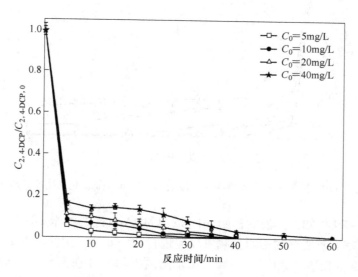

图 2-28 2，4-二氯苯酚初始浓度对 PMMA 改性纳米 Pd/Fe 双金属脱氯性能的影响

由图 2-28 可知，目标污染物的初始浓度对 PMMA 改性的纳米 Pd/Fe 双金属的催化还原脱氯效率具有一定的影响，但不明显。脱氯反应进行 20 min 后，初始浓度为 5mg/L、10mg/L、20mg/L 和 40mg/L 的反应体系中，2，4-二氯苯酚的去除率分别为 99%，96%，94% 和 87%。显然，PMMA 改性的纳米 Pd/Fe 双金属体系对 2，4-二氯苯酚的去除率随 2，4-二氯苯酚的初始浓度的增加而减小。

由表 2-6 可知，2，4-二氯苯酚的初始浓度对 PMMA 改性的纳米 Pd/Fe 双金属体系的催化还原脱氯动力学常数有较为明显的影响。与初始浓度为 5mg/L，10mg/L，20mg/L 和 40mg/L 对应，其 k_a 和 k_c 的乘积值分别为 0.1099，0.0632，0.0542 和 0.0364。可见，k_a 和 k_c 的乘积值随初始浓度的增大而减小。

2.7.3.3　pH 值的影响

设定 PMMA（7%）改性的纳米 Pd/Fe 双金属的投加量为 10g/L，2，4-二氯苯酚的初始浓度为 20mg/L，反应温度为（20±1）℃，反应 60 min。不同初始 pH 值（5，6，7，8，9）的反应溶液采用盐酸溶液（0.1mol/L）和氢氧化钠溶液（0.1mol/L）来调节。考察其对 PMMA（7%）改性的纳米 Pd/Fe 双金属催化还原脱氯效率和反应动力学常数的影响，结果如图 2-29 和表 2-6 所示。

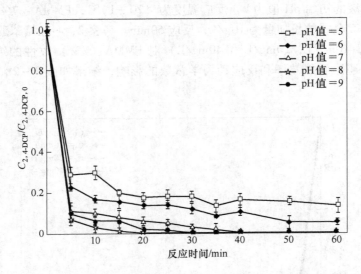

图 2-29　溶液 pH 值对 PMMA 改性纳米 Pd/Fe 双金属脱氯性能的影响

由图 2-29 可知，溶液的初始 pH 值对 PMMA 改性的纳米 Pd/Fe 双金属催化还原脱氯效率有较明显的影响。脱氯反应进行 20min 后，溶液的初始 pH 值 =5、6、7、8 和 9 的反应体系中，2，4-二氯苯酚的去除率分别为 83%，87%，94%，100% 和 98%。另外，由表 2-6 可知，溶液的初始 pH 值对 PMMA 改性的纳米 Pd/Fe 双金属体系的催化还原脱氯性能也有较为明显的影响。溶液的初始 pH 值 =5，6，7，8 和 9 的反应体系中，k_a 和 k_c 的乘积值分别为 0.0135、0.0222、0.0542、0.1913 和 0.0903。显然，以 pH 值 =8 为界：当 pH 值 <8 时，PMMA 改性的纳米 Pd/Fe 双金属对 2，4-二氯苯酚的去除率随着 pH 值的升高而增大，并于 pH 值 =8 时达到最大值，而当 pH 值 >8 时，其去除率又有所降低。

据推测，PMMA 改性的纳米 Pd/Fe 双金属的等电点 pH 值可能小于或等于 5。当溶液的 pH 值在 5~8 之间时，带负电的改性纳米 Pd/Fe 双金属与带正电的 2，

4-二氯苯酚相互吸引，这有利于体系中的电子传递和质量传递过程。在此 pH 值范围内，2，4-二氯苯酚的去除率随着 pH 值的增大而增大，这可能是因为虽然低 pH 值有利于促进铁腐蚀放氢过程，但 pH 值越低则越接近于 PMMA 改性的纳米 Pd/Fe 双金属的等电点，颗粒发生团聚的可能性越大，因而双金属的活性点位就越少，其去除率也就相对较低，反之，pH 值越远离等电点，颗粒越分散，可供利用的双金属活性点位就越多，其去除率也就相对较高。当溶液的 pH 值 =9 时，2，4-二氯苯酚带负电，其与带负电的改性纳米 Pd/Fe 双金属相互排斥，且此时体系中铁的氧化物或氢氧化物会加速生成，阻碍了脱氯反应的进行。

参 考 文 献

［1］ Cirtiu C M, Raychoudhury T, Ghoshal S, et al. Systematic comparison of the size, surface characteristics and colloidal stability of zero valent iron nanoparticles pre-and post-grafted with common polymers ［J］. Colloids and Surfaces A, 2011, 390: 95 ~ 104.

［2］ Lin Y H, Tseng H H, Wey M Y, et al. Characteristics of two types of stabilized nano zero-valent iron and transport in porous media ［J］. Science of The Total Environment, 2010, 408: 2260 ~ 2267.

［3］ Lin Y H, Tseng H H, Wey M Y, et al. Characteristics, morphology, and stabilization mechanism of PAA250K-stabilized bimetal nanoparticles ［J］. Colloids and Surfaces A, 2009, 349: 137 ~ 144.

［4］ Bezrodna T, Puchkovska G, Styopkin V, et al. Structure of cetyltrimethylammonium bromide films obtained by evaporation-induced precipitation method ［J］. Thin Solid Films, 2009, 517: 1759 ~ 1764.

［5］ Li W, Han Y C, Zhang J L, et al. Effect of ethanol on the aggregation properties of cetyltrimethylammonium bromide surfactant ［J］. Colloid Journal, 2005, 67: 159 ~ 163.

［6］ Wei J J, Xu X H, Liu Y, et al. Catalytic hydrodechlorination of 2, 4-dichlorophenol over nanoscale Pd/Fe: Reaction pathway and some experimental parameters ［J］. Water Research, 2006, 40: 348 ~ 354.

［7］ Zhang Z, Shen Q, Cissoko N, et al. Catalytic dechlorination of 2, 4-dichlorophenol by Pd/Fe bimetallic nanoparticles in the presence of humic acid ［J］. Journal of Hazardous Materials, 2010, 182: 252 ~ 258.

［8］ Díaz-Díaz G, Celis-García M, Blanco-López M C, et al. Heterogeneous catalytic 2, 4, 6-trichlorophenol degradation at hemin-acrylic copolymer ［J］. Applied Catalysis B: Environmental, 2010, 96: 51 ~ 56.

［9］ Christoforidis K C, Louloudi M, Deligiannakis Y. Complete dechlorination of pentachlorophenol by a heterogeneous SiO_2^- Fe-porphyrin catalyst ［J］. Applied Catalysis B: Environmental, 2010, 95: 297 ~ 302.

［10］ He F, Zhao D. Hydrodechlorination of trichloroethene using stabilized Fe-Pd nanoparticles: Reaction mechanism and effects of stabilizers, catalysts and reaction conditions [J]. Applied Catalysis B: Environmental, 2008, 84: 533~540.

[11] Wu L, Ritchie S M C. Enhanced dechlorination of trichloroethylene by membrane supported Pd-coated iron nanoparticles [J]. Environmental Progress, 2008, 27: 218~224.

[12] Yang L, Lv L, Zhang S, et al. Catalytic dechlorination of monochlorobenzene by Pd/Fe nanoparticles immobilized within a polymeric anion exchanger [J]. Chemical Engineering Journal, 2011, 178: 161~167.

[13] Feng J, Lim T T. Iron-mediated reduction rates and pathways of halogenated methanes with nanoscale Pd/Fe: analysis of linear free energy relationship [J]. Chemosphere, 2007, 66: 1765~1774.

[14] Lien H, Zhang W. Nanoscale Pd/Fe bimetallic particles: Catalytic effects of palladium on hydrodechlorination [J]. Applied Catalysis B: Environmental, 2007, 77: 110~116.

[15] Su J, Lin S, Chen Z, et al. Dechlorination of p-chlorophenol from aqueous solution using bentonite supported Fe/Pd nanoparticles: Synthesis, characterization and kinetics [J]. Desalination, 2011, 280: 167~173.

[16] Wang X, Ning P, Liu H, et al. Dechlorination of chloroacetic acids by Pd/Fe nanoparticles: Effect of drying method on metallic activity and the parameter optimization [J]. Applied Catalysis B: Environmental, 2010, 94: 55~63.

[17] Liu Y, Lowry G V. Effect of particle age (Fe^0 content) and solution pH on NZVI reactivity: H_2 evolution and TCE dechlorination [J]. Environmental Science & Technology, 2006, 40: 6085~6890.

[18] Kim Y H, Carraway E R. Dechlorination of pentachlorophenol by zero valent iron and modified zero valent irons [J]. Environmental Science & Technology, 2000, 34: 2014~2017.

[19] Parshetti G K, Doong R. Dechlorination of chlorinated hydrocarbons by bimetallic Ni/Fe immobilized on polyethylene glycol-grafted microfiltration membranes under anoxic conditions [J]. Chemosphere, 2012, 86: 392~399.

3 新型纳米零价铁的绿色合成和改性

3.1 引言

　　环境友好型材料的合成已成为当前研究的热点。纳米零价铁（NZVI）技术因卓越的还原性能，是目前最具应用潜力的环境修复方法之一，为环境领域提供了一个新的技术平台，还原去除多种卤代烷烃、卤代烯烃、卤代芳香烃、有机氯农药等难降解有机污染物，将其转化为无毒或低毒的化合物，同时提高了其可生化性，还可有效去除重金属离子、染料、高氯酸盐、抗生素等，有着广阔的发展前景。纳米铁颗粒的绿色合成技术可避免污染并降低成本，提高修复效率。由于纳米零价铁粒度小、比表面积大、表面能高且自身存在磁性，因而容易产生严重的团聚，从而使其与污染物的接触面积减少，并且纳米铁易被氧化从而失去反应活性，导致对污染物的去除率降低。另外，当物质在微米级时可能是安全的，而当其处于纳米级时可能变成有害性物质，因纳米级尺寸颗粒比微米级颗粒可溶性增加而更易被吸收[1]。

　　目前，科学家们通过合成和改性得到新型零价铁来解决上述问题。传统的纳米铁合成和改性方法如化学试剂和改性剂选用不当可能会对环境造成二次污染，同时也增加了应用成本，为了尽可能减小这种风险，目前针对纳米零价铁颗粒合成技术研究重点放在绿色生物材料的利用上，既实现了"变废为宝"，也符合绿色化学发展趋势。通过各种表面改性可以使 NZVI 在水体中更均匀地分散，增强它的反应活性。

3.2 纳米零价铁绿色合成

　　传统纳米零价铁制备技术主要分为物理法和化学法，如高能机械球磨法、真空溅射法和气相热分解法等[2]，其中液相化学沉积法，即由铁盐（三氯化铁或硫酸亚铁）与硼氢盐（硼氢化钠或硼氢化钾）合成纳米零价铁的方法是使用最为普遍的化学合成方法。然而上述物理和化学合成方法均存在严重的局限性和缺点，如需特殊的设备或高能量，因此大大增加了制备成本。而硼氢盐或有机溶剂的使用又可能产生环境问题进而导致无法大规模原位修复。因此，如何降低纳米铁制备成本并广泛应用于污染水体的原位修复，且不产生二次污染，是当前纳米技术研究的热点之一。由于绿色合成与传统方法相比操作工艺更简单，成本低廉，可再生[3]，因此研究者已经开始将绿色化学原则应用到纳米零价铁的合成上。

目前使用较多的绿色合成原材料主要有绿茶、桉树叶、薄荷叶、维生素、咖啡、柠檬等，通过借助上述植物提取液中所含多酚、咖啡因等生物活性还原剂，能够将铁离子或亚铁离子还原为零价铁；同时，合成原料在纳米铁制备过程中，除可作为还原剂外，还可起到分散剂和稳定剂的作用。因无需使用 KBH_4 或 $NaBH_4$ 等还原剂，故绿色合成的铁纳米材料主要优势体现在降低成本、对环境的危害减至最小程度、增加了大规模应用的可行性等。

3.2.1　茶叶合成纳米零价铁

目前在绿色合成中茶叶的使用最为普遍，中国是茶叶之乡，茶叶资源丰富，取材十分方便。茶叶中含有高浓度的咖啡因和茶多酚，可以作为还原剂用于合成纳米零价铁[4]。反应如图 3 – 1 所示[5]。Kharissoval 等[6]使用绿茶合成纳米零价铁（GT-NZVI），与传统硼氢盐还原方法相比，绿色合成具有无毒性的优势。比如将 GT-NZVI 用作芬顿催化剂降解溶液中的亚甲基蓝和甲基橙，分别在 200min 和 350min 能够将亚甲基蓝和甲基橙完全去除。

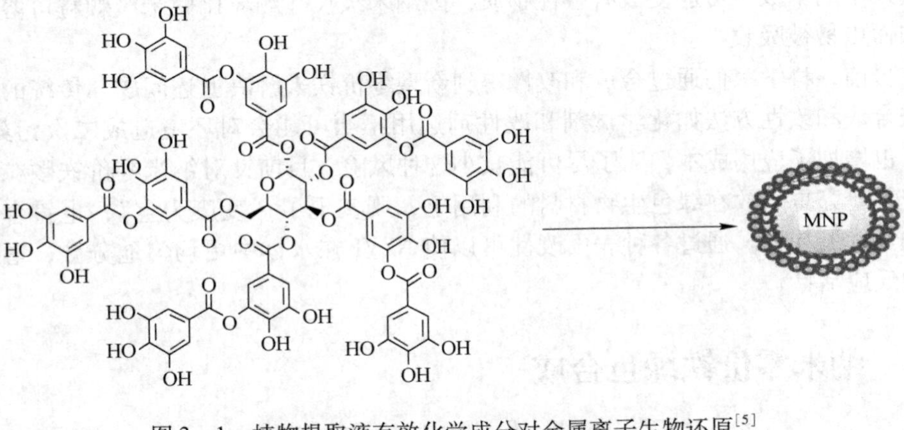

图 3 – 1　植物提取液有效化学成分对金属离子生物还原[5]

合成条件对铁纳米颗粒的形成和反应性具有显著影响。Huang 等[7]研究绿茶提取液在不同条件下合成的 NZVI 对降解孔雀绿（MG）反应性的影响。主要考察了 Fe^{2+} 和提取液体积比、溶液 pH 和温度等的影响因素。结果表明，在 Fe^{2+}/提取液 =1：1、pH =6 和 318K 的最佳条件下合成的 NZVI，对初始浓度为 50mg/L 的孔雀绿的去除率可达到 90.56%。因 NZVI 的形态影响其反应性，而形态又取决于合成条件。而 Njagi 等[8]的研究结果也表明，高粱麸（sorghum bran）在不同温度下制备出的提取液所合成出的零价铁形态结构具有明显差异。虽然提取液中茶多酚和咖啡因的含量并不会随着温度的升高而发生改变，但加速了 MG 分子从液相到铁纳米颗粒表面转移，从而反应性增强。茶多酚不仅可以还原铁盐而且可以包覆纳米颗粒，但当提取液浓度过大，大量还原剂被固定于成核表面，可使 Fe^{2+} 在核表面二次还原，从而形成更大的纳米颗粒，导致铁纳米颗粒活性降低。而溶液 pH 值又影响提取液中酚基的离子化，pH 降低时表面功能性官能团质子化和 Fe^{2+} 产生静电排斥，而 pH 增大时将形成氢氧化物沉淀覆盖在 NZVI 表面，减少 NZVI 和 MG 的接触面积。

Huang 等[9]比较了绿茶（green tea）、乌龙茶（oolong tea）和红茶（black tea）三种茶叶合成的纳米零价铁，三种颗粒表面各元素含量见表 3-1，其对孔雀绿降解率分别为 81.2%、75.6% 和 67.1%。因为绿茶提取液中所含茶多酚和咖啡因含量最高，导致合成的铁纳米颗粒浓度最高、尺寸最小、比表面积大，所以其降解率最高。而 Wang 等[10]的研究进一步与传统化学合成方法作比较，桉树叶合成纳米零价铁（EL-Fe NPs）和 GT-Fe NPs 相比更容易趋向聚集，与化学法合成 NZVI 相比团聚程度更小。其原因主要是由于提取液中有多酚或抗氧化物的存在。当纳米颗粒投加量为 1g/L，温度 298K，转速 250r/min，硝酸盐初始浓度 20mg/L，为原始 pH 时，NZVI、GT-Fe NPs 和 EL-Fe NPs 对硝酸盐的去除效率分别为 87.6%、59.7% 和 41.4%。由于 GT-Fe、EL-Fe NPs 的核壳结构上有茶多酚作为限制稳定剂，其可使核心零价铁不容易被消耗，所以去除效率偏低，但绿色合成铁的稳定性更高，在空气中暴露两个月后，NZVI、GT-Fe NPs 和 EL-Fe NPs 的去除效率分别为 45.4%、51.7% 和 40.7%。绿茶和桉树叶合成的零价铁去除效率基本保持不变，传统合成零价铁因颗粒失活而去除率大大降低。因 GT-Fe NPs 和 EL-Fe NPs 具有高去除能力和稳定性，可成为在硝酸盐废水及其他废水处理方面具有广泛应用前景的新型材料[10]。

表 3-1 绿茶合成铁，乌龙茶合成铁和红茶合成铁纳米颗粒中不同元素百分比[9]

原材料（raw material）	NZVI	Fe/%	C/%	O/%	S/%	Al/%
绿茶（green tea）	GT-Fe	16.80	30.65	34.76	3.56	14.23
乌龙茶（oolong tea）	OT-Fe	10.63	30.86	38.45	4.98	15.09
红茶（black tea）	BT-Fe	7.65	39.16	32.13	3.46	17.60

3.2.2 薄荷叶合成纳米零价铁

Prasad 等[11]采用薄荷叶（mint plant）提取液制备纳米零价铁并负载于壳聚糖上用于处理溶液中三价砷 As(Ⅲ) 和五价砷 As(Ⅴ)，结果表明，薄荷叶合成的绿色铁纳米颗粒拥有核壳结构，大约 2~3nm 厚的 FeOOH 壳包裹着 Fe^0 核心，

可以保护 Fe^0 核心避免快速被氧化。颗粒尺寸范围为 20～45nm，同时小型胶体 NZVI 能够完全地分散，从而有效减轻纳米颗粒的团聚程度。并且该绿色纳米铁对三价砷 As（Ⅲ）和五价砷 As（Ⅴ）的去除能力分别能够达到 98.79% 和 99.65%。同时这种低成本的绿色复合材料具有一定的再生特性，可延长使用寿命。

3.2.3　水果废弃物合成纳米零价铁

食品行业在生产、制备、消费和处理过程中会产生大量的固态和液态废弃物，不恰当的处理还会导致污染问题。食品行业废物最好的选择就是将其转变为有用产品[12]。Machadod 等[13] 用多种食品废物，包括橙子（orange）、柠檬（lemon）、柑橘（mandarin）和青柠（lime）的果皮、内果皮和果肉的提取液来合成 NZVI。如利用 1mL 的水果废提取液和 250μL（0.1mol/L）的 Fe^{3+} 溶液混合，直至溶液变黑。并比较颗粒尺寸、反应性和聚集/沉降趋势。合成出的铁纳米颗粒尺寸为 3～300nm，通过还原 Cr^{6+} 测试零价铁反应性，除橙子外，其他原料合成 NZVI 均表现出较好的反应性，而以果肉为原料合成 NZVI 的反应性最佳、果皮次之、内果皮最差，同时反应体系中纳米颗粒没有出现明显的聚集或沉降。绿色方法合成铁纳米颗粒见表 3－2。

表 3－2　绿色方法合成铁纳米颗粒

还原剂	条件	铁含量/%	形状	尺寸/nm	文献
高粱麸（sorghum bran）	高粱麸粉末在去离子水中溶解 30min，离心、过滤，上清液贮存于 −20℃。0.1mol $FeCl_3$ 和提取液按体积比 2∶1 混合，室温搅拌 1h	—	不规则	50	[8]
绿茶（green tea）	茶叶在 80℃ 加热 1h，真空过滤，制备出的提取液再和 0.10mol/L 的 $FeSO_4$ 按 2∶1 混合	16.8	球形	40～50	[9]
乌龙茶（oolong tea）	茶叶在 80℃ 加热 1h，真空过滤，制备出的提取液再和 0.10mol/L 的 $FeSO_4$ 按 2∶1 混合	10.6	球形	40～50	[9]
红茶（black tea）	茶叶在 80℃ 加热 1h，真空过滤，制备出的提取液再和 0.10mol/L 的 $FeSO_4$ 按 2∶1 混合	7.7	球形	40～50	[9]
桉树叶（eucalyptus leaves）	室温，0.10mol/L 的 $FeSO_4$ 和提取液按 1∶2 混合，搅拌 30min	16.17	类球形	20～80	[10]

还原剂	条件	铁含量/%	形状	尺寸/nm	文献
薄荷叶 （mint plant）	在黑暗下，提取液和 Fe(NO₃)₃ 在 30℃ 的定轨摇床中混合 72h	40	球形	20 ~ 45	[11]
橙子 （orange）	室温下，1mL 的提取液和 250μL、0.10mol/L 的 Fe³⁺ 溶液混合并持续搅拌	8.9	不规则	3 ~ 300	[13]
葡萄渣 （grape marc）	葡萄渣质量和水的体积按 3.7:1 混合，80℃ 加热 20min，制备提取液，提取液和 0.10mol/L 的 Fe³⁺ 溶液混合，并充分搅拌	—	—	15 ~ 45	[14]

注："—"表示数据缺失。

生活中的生物质材料可被循环使用和综合利用，制备零价铁纳米颗粒，具有经济性和环境友好性，并且可实现大规模环境治理，有效降解去除氯代物[15]、抗生素[16]和重金属等[17]，具有巨大的应用潜力。随着天然产物和废弃物提取液绿色合成法的不断发展，对纳米零价铁的兴趣已经显著增加，然而这一领域的研究还不够成熟、文献匮乏，在生产和应用方面还缺乏全面的认识，同时绿色合成与传统合成铁纳米材料相比效率有待提高，所以需要探索更加高效、环保的绿色材料。

3.3 纳米零价铁绿色改性

因纳米零价铁易氧化、易团聚[18]，导致反应活性降低，为保持 NZVI 的反应活性，必须对其进行负载、分散以减小其团聚度，其中常用载体包括膨润土[19]、浮石[20]等，分散剂有聚丙烯酸（Polyacrylic acid，PAA）[21,22]、聚乙烯吡咯烷酮-K30（Polyvinyl pyrrolidone，PVP-K30）[23]、聚（乙烯醇-co-醋酸乙烯-co-衣康酸）（Polyvinyl alcohol-co-vinyl acetate-co-itaconic acid，PV3A）[24]等。随着改性技术的不断创新和发展，人们将目光朝向低成本的可生物降解绿色材料，由于它们具有资源可持续性和对生态环境无害性，绿色载体材料和分散剂成为目前研究的热点。

3.3.1 纳米零价铁新型绿色载体

3.3.1.1 竹炭负载纳米零价铁

竹炭（bamboo charcoal）是由毛竹经高温无氧干馏而成。竹炭在炭化过程中，细胞壁会形成六角型结构的孔，质地坚硬，细密多孔，具有良好的吸附性能。竹炭的物理化学性质稳定，可耐强酸及强碱，能经受水浸、高温，是一种廉价、可再生的环境友好型的吸附剂[25]。Zhou 等[26]通过竹炭负载 NZVI，减少纳米零价铁的团聚现象，且无二次污染产生，将其用于处理染料废水中，结果表明：在 0.2L 甲基橙浓度为 200mg/L 的溶液中，竹炭投加量为 0.015g、反应温度为 30℃、pH 值为 6.0、反应时间 60min 时，甲基橙的去除效果最佳，去除率达99.94%，证明竹炭负载纳米零价铁是一种处理效果好且非常有市场前景的染料废水的处理材料。竹炭的吸附能力与活性炭相比还有一定差距，主要是因为天然竹炭的孔结构简单、比表面积相对较小而造成的。为了增强竹炭的吸附能力，一般需要对竹炭进行改性。Wu 等[25]用氢氧化钠溶液对竹炭进行改性处理，提高了竹炭的吸附量，并将 Fe/Cu 负载到竹炭表面用于对废水中氯霉素去除的研究。普通竹炭和氢氧化钠改性竹炭对氯霉素的吸附性能要较乙醇改性竹炭差，前两者在吸附达到平衡时氯霉素浓度降至 30mg/L 左右，吸附去除率为 33% 左右。乙醇改性竹炭达到吸附平衡时氯霉素浓度约为 26mg/L，吸附去除率可达 42% 以上。因此乙醇改性竹炭的吸附速率要明显大于另外两者，性能较优。

3.3.1.2 生物炭负载纳米零价铁

利用生物质制备生物炭在多个领域广受应用。生物炭是生物有机材料（生物质）在缺氧或绝氧环境中，经低温热裂解后生成的固态产物[27]。通过热解生物炭能形成多孔结构，增大比表面积，同时其表面含有大量含氧官能团，如羧基和羟基等[28]。生物炭常被用来作为吸附剂去除有机污染物和重金属，同时也可以分散和稳定纳米颗粒，增强在环境中的应用效率[29]。Yan 等[30]用稻壳热解制备生物炭，利用液相还原将 Fe^0 负载到其表面，该复合材料 Fe^0/BC 用于活化过硫酸盐，产生硫酸自由基降解三氯乙烯。5min 内 Fe^0/BC 和过硫酸盐存在的条件下，对三氯乙烯的去除效率能够达到 99.4%，明显高于未用生物炭负载的去除效率 56.6%。其机理如图 3-2 所示，Fe^{2+}/Fe^{3+} 的氧化还原反应和生物炭上含氧官能团的电子转移促进了 SO_4^- 还原产生，从而达到降解污染物的目的。其反应方程式见式（3-1）~式（3-4）[30]：

$$Fe^0 + 2H_2O \longrightarrow Fe^{2+} + 2OH^- + H_2 \tag{3-1}$$

$$Fe^{2+} + S_2O_8^{2-} \longrightarrow Fe^{3+} + SO_4^- + SO_4^{2-} \tag{3-2}$$

$$BC_{surface} - OOH + S_2O_8^{2-} \longrightarrow BC_{surface} - OO^· + SO_4^- + HSO_4^- \tag{3-3}$$

$$BC_{surface} - OH + S_2O_8^{2-} \longrightarrow BC_{surface} - O^· + SO_4^- + HSO_4^- \tag{3-4}$$

为了增强吸附能力，常对生物炭的物理化学性质进行改性。生物质在厌氧发酵前进行热解将对生物炭固定磷酸和重金属的能力产生积极影响[31]。Xue 等[32]研究发现，在水热法制备生物炭中加入 H_2O_2 可以提高其对重金属的吸附能力，其吸附能力和活性炭相当。浸渍铝的生物炭也能有效的去除溶液中的砷、亚甲基蓝和磷酸[33]。

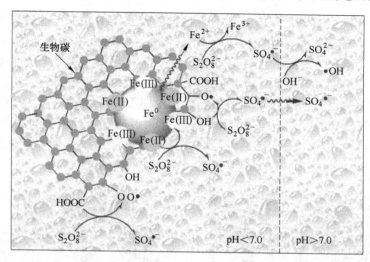

图 3－2 Fe^0/BC 对三氯乙烯降解机理图[30]

目前，磁性材料越来越受到人们的广泛关注。Devi 等[34]将造纸厂污泥热解制备磁性生物碳，使污泥中重金属得到良好固定，生态毒性变小。但生物碳处理废水后不易分离再利用，而零价铁具有磁性和还原特性，两者结合制备出复合材料 ZVI－MBC，既能实现生物碳的分离也能阻止零价铁的团聚。老化和浸出测试表明，生物碳可以阻止零价铁颗粒表面氧化层的形成从而有效抑制老化，同时铁的浸出量极低。而后 Devi 等[35]又通过第二种金属 Ni 掺杂制备出复合材料 Ni-ZVI-MBC，Ni 作为催化剂抑制纳米铁颗粒氧化阻止铁表面钝化层形成，同时 Ni 和 Fe 之间还可形成原电池，加速 Fe^0 腐蚀，提高了脱氯速率从而导致更高的五氯苯酚去除效率。对初始浓度为 1.77mg/L 的五氯苯酚，Ni-ZVI-MBC 仅需 240min 对五氯苯酚的降解就可达到 100%，而 ZVI-MBC 却需要 480min 才可完全降解。Ni-ZVI-MBC 复合材料脱氯机理如图 3－3 所示。

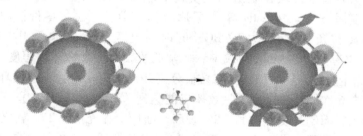

图 3－3 Ni-ZVI-MBC 复合材料对五氯苯酚脱氯机理示意图[35]

3.3.1.3 玉米淀粉负载纳米零价铁

玉米淀粉具有无毒、廉价易得、可生物降解和无二次污染等特点，是一种环境友好型的材料。Gao 等[36]为减小纳米颗粒的聚集将其负载于玉米淀粉上，其中，复合材料 SEM 结果如图 3 - 4 所示。从图 3 - 4a 可观察到原始的 NZVI 形状各异，颗粒大小和分散都不均匀，团聚现象严重。NZVI 主要以球形和椭球形存在，颗粒出现大量聚集现象。这主要是由于磁性纳米粒子受地球磁场磁力、小粒子间的静磁力及表面张力的共同作用，易发生团聚[37]。图 3 - 4b 中 NZVI/玉米淀粉颗粒团聚现象减少，归因于淀粉的分散作用可有效减轻颗粒间聚集。NZVI/玉米淀粉球体间主要呈链式结构，同时并没有出现明显团聚现象。有利于提高 NZVI 的反应活性，进而提高 NZVI/玉米淀粉对污染物的去除效果。

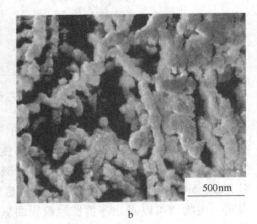

图 3 - 4　NZVI 和 NZVI/玉米淀粉的 SEM 照片[36]

a—NZVI；b—NZVI/玉米淀粉

3.3.1.4　砖粒负载纳米零价铁

砖粒（brick grain）主要由砂黏土和铝硅酸盐组成，同时也含有少量的钙镁和铁氧化物。砖粒或砖块在制造和建筑施工过程中若处理不当，将成为建筑垃圾，造成环境污染[38]。Raizada 等[38]采用液相化学还原法将零价铁固定于砖粒上，制备出砖粒负载零价铁 Fe^0-BG，同时与高级氧化技术联用去除孔雀绿（MG），Fe^0-BG 展现出较高去除效率和非常低的表面溶解物释放程度。经 60min MG 能够被完全脱色，同时因其更容易被分离并具较高稳定性，故循环利用效率更高，即使在 6 次循环使用后去除效率仍能达到 75%。其 TEM 如图 3 - 5 所示。首先，未光照时 MG 被吸附到 Fe^0-BG 表面，随后，在光照下 Fe^0 氧化为 Fe^{2+} 同时伴随染料敏化过程，产生的 Fe^{2+} 和 H_2O_2 引发芬顿反应产生氢氧自由基，氢氧自由基再将染料氧化。

3.3.1.5　橙皮负载纳米零价铁

由于生物质材料所含纤维素具有一定的吸附能力，可作为一种既便宜又容易

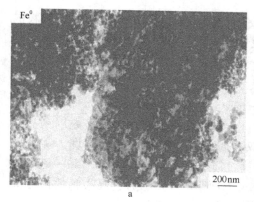
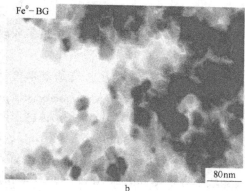

图 3 - 5　零价铁颗粒 TEM 图

a—未负载零价铁；b—砖粒负载零价铁[38]

生产的生物复合材料去吸附废水中的重金属。López-Téllez 等[39]将零价铁负载到橙皮（orange peel）上去除溶液中的六价铬 Cr(Ⅵ)，合成的纳米颗粒大部分呈管状，少部分呈八面体且尺寸均低于 100nm。利用橙皮吸附性将 Cr(Ⅵ) 吸附至表面，再被 Fe^0 和 Fe^{2+} 还原为 Cr^{3+}，最后 Cr^{3+} 也被吸附至复合材料表面。

上述绿色生物质材料取材方便、价格低廉、可生物降解但却常常被视为废物丢弃，如果能够将其充分利用起来，实现物质的循环利用，可用于代替高成本的商业负载材料，从而大大降低成本，以便后续工业化应用，因此绿色负载材料的研发将是未来 NZVI 技术的热点。

3.3.2　纳米零价铁绿色分散改性

纳米零价铁绿色分散主要是指利用可生物降解的分散剂或者稳定剂对 NZVI 进行改性，以减少颗粒聚集，从而增强反应活性，被改性工艺的优势在于成本低、操作简单，同时也不会对环境造成二次污染[40~42]。

3.3.2.1　瓜尔胶修饰纳米零价铁

瓜尔胶是一种环境友好的天然高分子植物胶，是从产于印度、巴基斯坦等地的瓜尔豆种子的胚乳中提取得到的。因其具有较好的水溶性和交联性，且在低浓度下能形成高黏度的稳定性水溶液，所以被作为增稠剂、稳定剂和黏合剂广泛应用于化妆品、石油钻采、食品、医药、纺织印染、采矿选矿、日化陶瓷、建筑涂料和造纸等行业[43]。瓜尔胶是目前使用非常普遍的一种分散剂，由于能被特定的酶和微生物降解，故对环境影响极其小，而其他一些聚合物改性剂虽然有更高的效率但基本不能在水中得到降解。Tiraferri 等[44]使用绿色分散剂瓜尔胶减小纳米零价铁颗粒的聚集和沉降。瓜尔胶能够有效的使裸露的纳米颗粒的水力学半径从 500nm 减小到 200nm 以下，使其表面能降低，从而抑制了颗粒聚集。瓜尔胶也能有效地包裹铁纳米颗粒创造一个较弱的负电荷层，通过静电排斥保持颗粒的稳定。Velimirovic 等[45]进一步将瓜尔胶改性零价铁用于现场修复，明显改善了纳米颗粒的迁移性。

3.3.2.2　藻朊酸盐包覆纳米零价铁

藻酸广泛存在于巨藻（macrocystis pyrifera）、海带（laminaria japonica）、墨角藻（fucus）和马尾藻（scagassum）等上百种褐藻的细胞壁中，多数以钙盐和镁盐的形式存在。Kuang 等[46]将 Ni/Fe 双金属纳米颗粒用藻酸钙包埋。实验证明，在 120 min 的反应时间里，使用藻酸钙包覆的双金属颗粒对 Cu^{2+} 和一氯苯的去除效率分别由 83.9% 增加到 86.7% 和 94.7% 到 99.7%。通过藻酸钙的包覆抑制了颗粒聚集和氧化，大大增强了对目标污染物的去除效果。

3.3.2.3　淀粉改性纳米 Pd/Fe 双金属

He 等[47]在合成 Pd/Fe 纳米颗粒时加入水溶性淀粉作为稳定剂，开发出一种既简单又绿色的改性方法，且颗粒平均直径仅为 14.1nm。这种淀粉改性的纳米颗粒可以保持悬浮在水中几天，而未用淀粉改性的纳米颗粒在几分钟内便出现明显的聚集和沉降。Wang 等[48]分别用淀粉、聚乙二醇和瓜尔胶改性 Pd/Fe 双金属纳米粒子，并对分散改性效果作比较。结果表明，改性后的 Pd/Fe 双金属纳米颗粒的直径范围为 60~100nm，和未改性纳米颗粒相比聚集明显减少，同时抗氧化能力得到提高。改性后活化能降低也很好地解释了聚集减少的原因，从而改性后的 Pd/Fe 双金属对 2，4-二氯苯酚的脱氯效率得到提高。因羟基官能团能够与铁纳米颗粒螯合，产生良好的分散效果。比较 3 种分散剂中所含羟基官能团数目顺序为：瓜尔胶 > 淀粉 > 聚乙二醇，同时脱氯效果还与分散剂浓度有关，如淀粉的最佳浓度（质量分数）为 0.1%，当低于该浓度时脱氯效率不能达到最佳，而高于此浓度时厚厚的淀粉覆盖层将阻碍 Pd/Fe 和目标污染物的接触。所以对 Pd/Fe 改性时需要对分散剂浓度进行优化，当瓜尔胶、淀粉和聚乙二醇均处于最优条件下时，瓜尔胶改性 Pd/Fe 脱氯效率最高，淀粉次之，聚乙二醇最差。同时零价铁表面的 Pd 起到收集活性氢的作用，促进零价铁腐蚀，反应系统的初试 pH 对脱氯效率将产生影响。最后作者将 pH 对脱氯能力的影响作了进一步研究，得出在 pH = 7 时脱氯效率最高。

3.3.2.4　大豆蛋白改性 Pd/Fe 双金属纳米颗粒

大豆蛋白因其具有可生物降解、无毒性和商业可用性，在多个领域已得到广泛应用。Basnet 等[49]用大豆蛋白改性 Pd/Fe 双金属纳米颗粒，主要通过在颗粒上形成负的表面电荷，增加颗粒与颗粒之间的排斥，经过改性后的双金属纳米粒子聚集性减小、迁移性增强。在低浓度下，这些可生物降解的聚合物对 NZVI 的稳定效果可能更加明显。目前绿色零价铁技术仍处于实验阶段，而实际环境存在各种因素影响，这些颗粒在实际环境中的迁移性还需要进一步的系统研究，使其能够与污染物在污染区充分接触而又不迁移至污染区之外。Jiemvarangkul 等[50]也证实了当剂量超过 NZVI 质量的 30% 时，大豆蛋白具有优秀的稳定能力。

3.3.2.5　纤维素包覆纳米零价铁

纤维素是一种可再生材料，被广泛运用于化妆品和制药等行业。Wang 等[51]首次采用两种"绿色试剂"羟乙基纤维素（HEC）和羟丙基纤维素（HPMC）分别改性零价铁，并与未改性零价铁的反应性和稳定性作比较。结果表明，改性后的纳米颗粒尺寸更加均匀，同时抗氧化能力和脱色效率均明显增强。同时由于 HPMC 比 HEC 拥有更长和更多的—CH_3 分支，能使 Fe^0 更好的分散，因此脱色效率为：PNZVI（HPMC 改性）> ENZVI（HEC 改性）> BNZVI（未改性）。铁纳米颗粒暴露在空气中避免了被氧化，也很好解释了效率增强的原因。在表 3-3 中对各绿色分散剂改性铁纳米颗粒进行了归纳比较。

表 3-3　绿色分散剂改性铁纳米颗粒

绿色分散剂	改性效果	目标污染物	去除效果	文献
瓜尔胶 （guar gum）	颗粒为球形，尺寸范围为 60～100nm，比表面积为 30.8m^2/g，聚集明显减少	2，4-二氯苯酚	最佳条件下，改性纳米铁对初始浓度为 20mg/L 的污染物 180min 内完全降解	[48]
淀粉 （starch）	颗粒为球形，尺寸范围为 60～100nm，比表面积为 32.1m^2/g，聚集明显减少	2，4-二氯苯酚	最佳条件下，改性纳米铁对初始浓度为 20mg/L 的污染物 240min 内完全降解	[48]
聚丙烯酸 （polyacrylic acid）	颗粒表面较光滑，团聚减少，颗粒粒径减小，比表面积增大	亚甲基蓝	改性剂 PAA 添加浓度为 0.1g/L 时，经过 60min 降解，脱色率为98.84%，比未改性提高了 27.32%	[22]
聚乙烯吡咯烷酮 （polyvinyl pyrrolidone）	颗粒尺寸为 50～100nm，高度分散，颗粒分布相对均匀，稳定性增强	2，4-二氯苯酚	最佳分散剂加入量下，改性纳米铁比未改性纳米铁的去除率提高了 25%～38%	[54]
羧甲基纤维素 （carboxymethyl cellulose）	颗粒平均直径小于 20nm，尺寸和形状十分均匀，没有出现大颗粒和明显聚集	1，2，4-三氯苯	CMC 改性纳米铁对初始浓度为 25mg/L 的污染物 24h 内去除率可达 90%	[55]
羟乙基纤维素 （hydroxyethyl cellulose）	粒子成链式排列，均匀分散，纳米颗粒粒径减小，比表面积增大	橙黄 II	0.7g/L HEC 改性纳米零价铁对初始浓度为 100mg/L 的污染物，60min 脱色率为 93.4%	[51]
羟丙基纤维素 （hydroxypropyl methyl cellulose）	颗粒更加均匀、有规则；抗氧化性和反应性增强	橙黄 II	0.7g/L HPMC 改性纳米零价铁对初始浓度为 100mg/L 的污染物，60min 脱色率为 98.6%	[51]

3.4   微生物改性

研究表明，几种铁还原菌可以将氢氧化铁和氧化铁作为最终电子受体[52]。这些异化铁还原菌广泛分布于原始、受污染的陆地、水生和地下环境中。Shin 等[53]研究了零价铁对三氯乙烯的还原，利用海藻希瓦氏菌（*Shewanella alga*）作为电子供体可以将零价铁氧化的 Fe^{3+} 还原为 Fe^{2+}，从而又可用于降解更多的污染物，同时观察了氧化铁在固相和液相中的还原。结果表明，铁还原菌可以提高氯代有机物的去除效果。

3.5   纳米零价铁的绿色合成和改性工艺的应用现状

零价铁理论研究的重要目的是为能够为实际工业应用提供理论基础，Tosco 等[56]模拟了用瓜尔胶改性 NZVI 穿过沙柱后处理废水，如图 3 – 6 所示。该模拟测试很好地说明了 NZVI 投入实际应用的可行性。Kocur 等[57]也用羧甲基纤维素改性纳米零价铁并原位修复氯化挥发性有机污染物（Chlorinated Volatile Organic Compounds，CVOC），NZVI/CMC 注入后不仅起到非生物降解的作用同时还可以刺激微生物群落引起生物降解。从实际应用上来看，纳米颗粒应该现场制备并尽可能快的使用以确保最大利用纳米颗粒的反应性。在实际应用过程中，为达到最佳工程应用效果，应重点考虑以下因素：（1）零价铁悬液的稳定性；（2）零价铁颗粒的迁移性；（3）注入方式；（4）成本[58]。

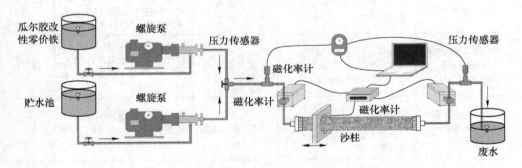

图 3 – 6   铁纳米颗粒的运输测试[56]

3.6   纳米铁绿色合成和改性技术关键问题及展望

绿色合成和改性纳米铁相比于传统纳米铁颗粒的益处主要包括：（1）使用

天然无毒害材料；（2）无危险废物产生；（3）工作量明显得到减少；（4）材料更加稳定、容易储存和容易运输；（5）原料为常规和生物可再生，能够在全世界被广泛生产。

纳米零价铁绿色合成和改性研究是一个新兴的研究领域，在实际推广应用过程中该技术尚需进一步改进，所涉及的关键问题为：

（1）目前绿色合成产量偏低，应进一步提高其产量以便后续大规模应用；

（2）探索出更为绿色高效的分散剂和负载体从而更好的抑制纳米颗粒团聚。

到目前为止，关于绿色合成和改性纳米铁的实际应用鲜有报道，绿色纳米零价铁技术主要处于实验或试制阶段，缺少工程应用经验。因此在今后的研究中需要尝试将其大规模应用而不仅限于实验室，如何将该绿色技术应用于实际地下水修复是一个重要的研究方向。同时，通过绿色零价铁技术对不同应用领域的分析和零价铁与其他技术联合应用可能性的探索以拓展适用范围，使该技术逐步趋于完善。总之，绿色合成和改性纳米铁是一种新兴的纳米技术，具有十分广阔的应用前景。

参 考 文 献

[1] Zhuang J, Gentry R W. Environmental application and risks of nanotechnology: A balanced view [J]. American Chemical Society, 2011, 1079: 41~67.

[2] 程荣, 王建龙, 张伟贤. 纳米金属铁降解有机卤化物的研究进展 [J]. 化学进展, 2006, 18 (1): 93~99.

[3] Nadagouda M N, Varma R S. Green and controlled synthesis of gold and platinum nanomaterials using vitamin B2: density assisted self-assembly of nanospheres, wires and rods [J]. Green Chemistry, 2006, 8 (6): 516~518.

[4] Markova Z, Novak P, Kaslik J, et al. Iron (Ⅱ, Ⅲ) -polyphenol complex nanoparticles derived from green tea with remarkable ecotoxicological impact [J]. Sustainable Chemical & Engineering, 2014, 2 (7): 1674~1680.

[5] Mittal A K, Chisti Y, Banerjee U C. Synthesis of metallic nanoparticles using plant extracts [J]. Biotechnology Advances, 2013, 31 (2): 346~356.

[6] Kharissoval O V, Raskikadias H V, Kharisov B I, et al. The greener synthesis of nanoparticles [J]. Trends in Biotechnology, 2013, 31 (4): 240~248.

[7] Huang L L, Luo F, Chen Z L, et al. Green synthesized conditions impacting on the reactivity of Fe NPs for the degradation of malachite green [J]. Spectrochimica Acta Part A: Molecular and Biomolecular Spectroscopy, 2015, 137: 154~159.

[8] Njagi E C, Huang H, Stafford L, et al. Biosynthesis of iron and silver nanoparticles at room temperature using aqueous sorghum bran extracts [J]. Langmuir, 2011, 27 (1): 264~271.

[9] Huang L L, Weng X L, Chen Z L, et al. Green synthesis of iron nanoparticles by various tea ex-

tracts: Comparative study of the reactivity [J]. Spectrochimica Acta Part A: Molecular and Bio-molecular Spectroscopy, 2014, 130: 295～301.

[10] Wang T, Lin J, Chen Z L, et al. Green synthesized iron nanoparticles by green tea and eucalyp-tus leaves extracts used for removal of nitrate in aqueous solution [J]. Journal of Cleaner Pro-duction, 2014, 83: 413～419.

[11] Prasad K S, Gandhi P, Selvaraj K. Synthesis of green nano iron particles (GnIP) and their ap-plication in adsorptive removal of As (Ⅲ) and As (Ⅴ) from aqueous solution [J]. Applied Surface Science, 2014, 317: 1052～1059.

[12] Laufenberg G, Kunz B, Nystroem M. Transformation of vegetable waste into value added prod-ucts: (A) the upgrading concept; (B) practical implementations [J]. Bioresource Technolo-gy, 2003, 87: 167～198.

[13] Machadod S, Grosso J P, Nouws H P, et al. Utilization of food industry wastes for the produc-tion of zero-valent iron nanoparticles [J]. Science of The Total Environment, 2014, 496: 233～240.

[14] Machado S, Stawinski W, Slonina P, et al. Application of green zero-valent iron nanoparticles to the remediation of soils contaminatedwith ibuprofen [J]. Science of The Total Environment, 2013b, 461～462: 323～329.

[15] Wang Q, Jeong S W, Choi H. Removal of trichloroethylene DNAPL trapped in porous media using nanoscale zerovalent iron andbimetallic nanoparticles: direct observation and quantification [J]. Journal of Hazardous Materials, 2012, 213～214: 299～310.

[16] Zha S X, Cheng Y, Gao Y, et al. Nanoscale zero-valent iron as a catalyst for heterogeneous Fenton oxidation of amoxicillin [J]. Chemical Engineering Journal, 2014, 255: 141～148.

[17] Chrysochoou M, Johnston C P, Dahal G. A comparative evaluation of hexavalent chromium treatment in contaminated soil bycalcium polysulfide and green-tea nanoscale zero-valent iron [J]. Journal of Hazardous Materials, 2012, 201～202: 33～42.

[18] Zhang X, Lin S, Lu X Q. Removal of Pb (Ⅱ) from water using synthesized kaolin supported nanos cale zero-valent iron [J]. Chemical Engineering Journal, 2010, 163 (3): 243～248.

[19] Wang F F, Gao Y, Sun Q, et al. Degradation of microcystin-LR using functional clay supported bimetallic Fe/Pd nanoparticles based on adsorption and reduction [J]. Chemical Engineering Journal, 2014, 255: 55～62.

[20] Liu T Y, Wang Z L, Yan X X, et al. Removal of mercury (Ⅱ) and chromium (Ⅵ) from wastewater using a new and effective composite: Pumice-supported nanoscale zero-valent iron [J]. Chemical Engineering Journal, 2014, 245: 34～40.

[21] Wang X Y, Zhu M P, Liu H L, et al. Modification of Pd-Fe nanoparticles for catalytic dechlori-nation of 2, 4-dichlorophenol [J]. Science of The Total Environment, 2013, 449: 157～167.

[22] 和婧, 王向宇, 王培, 等. PAA 改性纳米铁强化还原降解水中亚甲基蓝 [J]. 环境科学, 2015, 36 (3): 980～988.

[23] Chen H, Luo H J, Lan Y C, et al. Removal of tetracycline from aqueous solutions using polyvi-nylpyrrolidone (PVP-K30) modified nanoscale zero valent iron [J]. Journal of Hazardous Ma-

terials, 2011, 192 (1): 44~53.

[24] Sun Y P, Li X Q, Zhang W X, et al. A method for the preparation of stable dispersion of zerovalent iron nanoparticles [J]. Colloids and Surfaces A: Physicochemical and Engineering Aspects, 2007, 308 (1~3): 60~66.

[25] 吴智威. 改性竹炭负载 Fe/Cu 对废水中氯霉素去除研究 [D]. 武汉: 华中科技大学硕士学位论文, 2012.

[26] 周筱菲, 刘文莉, 朱剑炯, 等. 竹炭负载纳米级零价铁去除水中的甲基橙 [J]. 广东化工, 2013, 40 (14): 19~20.

[27] Zhou Y M, Gao B, Zimmerman A R, et al. Biochar-supported zerovalent iron for removal of various contaminants from aqueous solutions [J]. Bioresource Technology, 2014, 152: 538~542.

[28] Chun Y, Sheng G Y, Chiou C T, et al. Compositions and sorptive properties of crop residue-derived chars [J]. Environmental Science & Technology, 2004, 38 (17): 4649~4655.

[29] Song Z G, Lian F, Yu Z H, et al. Synthesis and characterization of a novel MnO_x-loaded biochar and its adsorption properties for Cu^{2+} in aqueous solution [J]. Chemical Engineering Journal, 2014, 242: 36~42.

[30] Yan J C, Han L, Gao W G, et al. Biochar supported nanoscale zerovalent iron composite used as persulfate activator for removing trichloroethylene [J]. Bioresource Technology, 2015, 175: 269~274.

[31] Inyang M, Gao B, Yao Y, et al. Removal of heavy metals from aqueous solution by biochars derived from anaerobically digested sugarcanebagasse [J]. Bioresource Technology, 2012, 110: 50~56.

[32] Xue Y W, Gao B, Yao Y, et al. Hydrogen peroxide modification enhances the ability of biochar (hydrochar) produced from hydrothermal carbonization of peanut hull to remove aqueous heavy metals: batch and column tests [J]. Chemical Engineering Journal, 2012, 200~202: 673~680.

[33] Zhang M, Gao B. Removal of arsenic, methylene blue, and phosphate by biochar/AlOOH nanocomposite [J]. Chemical Engineering Journal, 2013, 226: 286~292.

[34] Devi P, Saroha A K. Synthesis of the magnetic biochar composites for use as an adsorbent for the removal of pentachlorophenol from the effluent [J]. Bioresource Technology, 2014, 169: 525~531.

[35] Devi P, Saroha A K. Simultaneous adsorption and dechlorination of pentachlorophenol from effluent by Ni-ZVI magnetic biochar composites synthesized from paper mill sludge [J]. Chemical Engineering Journal, 2015, 271: 195~203.

[36] 高国振, 李金轩, 李小燕, 等. 纳米零价铁/玉米淀粉的制备及其对 Pb^{2+} 的吸附 [J]. 化工环保, 2014, 34 (4): 376~379.

[37] Li X Y, Zhang M, Liu Y B, et al. Removal of U (Ⅵ) in aqueous solution by nanoscale zerovalent iron (nZVI) [J]. Water Quality, Exposure and Health, 2013, 5 (1): 31~40.

[38] Raizada P, Singh P, Kumar A, et al. Zero valent iron-brick grain nanocomposite for enhanced

solar-Fenton removal of malachite green [J]. Separation and Purification Technology, 2014, 133: 429~437.

[39] López-Téllez G, Barrera-Díaz C E, Balderas-Hernández P, et al. Removal of hexavalent chromium in aquatic solutions by iron nanoparticles embedded in orange peel pith [J]. Chemical Engineering Journal, 2011, 173 (2): 480~485.

[40] Zhang M, Bacik D B, Roberts C B, et al. Catalytic hydrodechlorination of trichloroethylene in water with supported CMC-stabilized palladium Nanoparticles [J]. Water Research, 2013, 47 (11): 3706~3715.

[41] He F, Zhao D Y. Manipulating the size and dispersibility of zerovalent iron nanoparticles by use of carboxymethyl cellulose stabilizers [J]. Environmental Science & Technology, 2007, 41 (17): 6216~6221.

[42] Wang Q, Qian H J, Yang Y P, et al. Reduction of hexavalent chromium by carboxymethyl cellulose-stabilized zero-valent ironnanoparticles [J]. Journal of Contaminant Hydrology, 2010, 114 (1~4): 35~42.

[43] 吉毅, 李宗石, 乔卫红. 瓜尔胶的化学改性 [J]. 日用化学工业, 2005, 35 (2): 111~114.

[44] Tiraferri A, Chen K L, Sethi R, et al. Reduced aggregation and sedimentation of zero-valent iron nanoparticles in the presence of guar gum [J]. Journal of Colloid and Interface Science, 2008, 324 (1~2): 71~79.

[45] Velimirovic M, Tosco T, Uyttebroek M, et al. Field assessment of guar gum stabilized microscale zerovalent iron particles for in-situ remediation of 1, 1, 1-trichloroethane [J]. Journal of Contaminant Hydrology, 2014, 164: 88~99.

[46] Kuang Y, Du J H, Zhou R B, et al. Calcium alginate encapsulated Ni/Fe nanoparticles beads for simultaneous removal of Cu (Ⅱ) and monochlorobenzene [J]. Journal of Colloid and Interface Science, 2015, 447: 85~91.

[47] He F, Zhao D Y. Preparation and characterization of a new class of starch-stabilized bimetallic nanoparticles for degradation of chlorinated hydrocarbons in water [J]. Environmental Science & Technology, 2005, 39 (9): 3314~3320.

[48] Wang X Y, Le L, Alvarez P J J, et al. Synthesis and characterization of green agents coated Pd/Fe bimetallic nanoparticles [J]. Journal of the Taiwan Institute of Chemical Engineers, 2015, 50: 297~305.

[49] Basnet M, Ghoshal S, Tufenkji N. Rhamnolipid biosurfactant and soy protein act as effective stabilizers in the aggregation and transport of palladium-doped zerovalent iron nanoparticles in saturated porous media [J]. Environmental Science & Technology, 2013, 47 (23): 13355~13364.

[50] Jiemvarangkul P, ZhangW X, Lien H L. Enhanced transport of polyelectrolyte stabilized nanoscale zero-valent iron (nZVI) in porous media [J]. Chemical Engineering Journal, 2011, 170 (2~3): 482~491.

[51] Wang X Y, Wang P, Ma J, et al. Synthesis, characterization, and reactivity of cellulose modified nanozero-valent iron for dye discoloration [J]. Applied Surface Science, 2015, 345: 57~66.

[52] Lovley D R. Microbial Fe (Ⅲ) reduction in subsurface environments [J]. Fems Microbiology Reviews, 1997, 20 (3~4): 305~313.

[53] Shin H Y, Singhal N, Park J W. Regeneration of iron for trichloroethylene reduction by shewanella alga BrY [J]. Chemosphere, 2007, 68 (6): 1129~1134.

[54] Wang X Y, Li F, Yang J C. Polyvinyl pyrrolidone-modified Pd/Fe nanoparticles for enhanced dechlorination of 2, 4-dichlorophenal [J]. Desalination and Water Treatment, 2014, 52 (40~42): 7925~7936.

[55] Cao J, Xu R F, Tang H, et al. Synthesis of monodispersed CMC-stabilized Fe-Cu bimetal nanoparticles for in situ reductive dechlorination of 1, 2, 4-trichlorobenzene [J]. Science of The Total Environment, 2011, 409: 2336~2341.

[56] Tosco T, Gastone F, Sethi R. Guar gum solutions for improved delivery of iron particles in porous media (Part 2): Iron transport tests and modeling in radial geometry [J]. Journal of Contaminant Hydrology, 2014, 166: 34~51.

[57] Kocur C M D, Lomheim L, Boparai H K, et al. Contributions of abiotic and biotic dechlorination following carboxymethyl cellulose stabilized nanoscale zero valent iron injection [J]. Environmental Science & Technology, 2015, 49 (14): 8648~8656.

[58] Luna M, Gastone F, Tosco T, et al. Pressure-controlled injection of guar gum stabilized microscale zero valent iron for groundwater remediation [J]. Journal of Contaminant Hydrology, 2015, 181: 46~58.

4 绿茶合成纳米零价铁及其对孔雀绿的脱色

4.1 引言

在 1990 年早期，纳米零价铁在现场修复和处理水中污染物得到了很高的关注，包含有机和无机的污染物，因为它有较高的活性位点[1]。纳米零价铁可以通过化学和物理的方法合成，比如，二价或三价铁盐和硼氢化钠反应[2]，真空溅射[3]和分解铁前体的有机溶剂[4]。然而，这些方法一般都会比较昂贵以及需要一些特殊的设备，制备过程高耗能以及使用了化学物质，化学物质是有毒的，腐蚀和易燃的，比如硼氢化钠或有机溶剂[5]。然而，使用上述方法会形成团聚的倾向，导致了这些粒子的还原性和稳定性受到影响[6]。最近几年里，使用自然产物的提取物绿色合成纳米零价铁，是一种简单的，费用低和环境友好的方法[7,8]。

最近，有报道一些绿色植物提取物制备纳米颗粒，有合成纳米银颗粒以及金颗粒。也有植物提取物石榴树树叶，桉树树叶，红茶，葡萄树树叶[9~12]等制备纳米铁颗粒，有报道[124]研究，使用桉树树叶合成纳米铁颗粒，对其进行表征研究，表明了桉树树叶提取物作为还原剂和稳定剂成功合成了球形的纳米铁颗粒，将其颗粒对富营养化废水降解，实验结果说明了总氮和 COD 的降解率分别为71.7% 和 84.5%。还有报道[13]使用茶叶提取物合成铁和钯/铁纳米颗粒负载到PVDF 膜上，通过其降解还原氯代有机物。其结果表明，通过铁纳米颗粒的电子转移机理而成功地脱氯，然而，在钯/铁双金属系统中，铁产生氢气和钯作为催化剂。绿色合成的铁颗粒可以被当作亚铁粒子在类芬顿系统中，导致产生羟基自由基产品，然后去除有机污染物。对比化学合成的纳米铁，虽然两者有相似的降解机理，绿色合成的纳米铁已证明了具有比较有效的去除能力和更不易被氧化而能长期保持活性的特点，由于植物提取物中含有多酚或抗氧化物，可以保护粒子氧化和团聚。至今为止，仅仅有限的知识是提供有关可使用的自然材料，含有高含量的抗氧化剂，虽然最近有几种树叶抗氧化能力已表明了它们的可行性。但是要探索研究更多的自然产品，首先，开发更绿色的合成方法；其次，开发更好更能理解的生产及应用进程。

而来自于印刷、化工和纺织等行业的染料废水，具有复杂的芳香分子结构，使其更加稳定难以降解，造成了严重的环境问题，其不仅影响水域颜色和水生动植物生长，还会因其生物毒性和致癌性威胁到人类的健康问题。本章介绍使用绿茶提取物合成纳米零价铁颗粒，通过扫描电镜、透射电镜、红外光谱对绿茶提取物合成的纳米铁颗粒进行表征分析，研究绿色纳米铁颗粒的尺寸、形态、成分和结构。最后，以水溶性阳离子染料孔雀绿（MG）作为脱色的研究对象，试验其活性，并研究了脱色反应的动力学规律。

4.2 绿茶合成纳米铁颗粒的制备

配制好还原剂溶液，提取 60g 的绿茶，放入 1000mL 的去离子水中，进行水浴加热，温度为 353K，加热时间为 30min。随后通过真空抽滤装置过滤，将提取物冷却至室温。将 500mL 浓度为 0.1mol/L 的 $FeSO_4$ 溶液与其混合，并用磁力搅拌，进行还原反应，如反应式（4-1）所示。将混合液搅拌 30min，使其反应完全，将反应后的溶液真空抽滤装置过滤抽干，用去离子水清洗 2 次，再次抽滤，经抽干后在室温下干燥研磨后，密封保存，得到绿色合成纳米零价铁颗粒（G-Fe NPs）。G-Fe NPs 的制备过程均是在有氧的情况下进行的。

绿茶提取物包含很多的多酚，其中一般包含了表儿茶素或者表没食子儿茶素没食子酸酯，反应式由（4-1）可得[13]。

$$nFe^{2+} + 2Ar-(OH)_n \longrightarrow nFe^0 + 2nAr=O + 2nH^+ \qquad (4-1)$$

式中，Ar 表示苯，n 代表被 Fe^{2+} 氧化的羟基的数量。

在相同条件下，用传统的方法制备纳米铁进行对比。配制好 0.2mol/L KBH_4 溶液滴加到 230mL 浓度为 0.1mol/L 的 $FeSO_4$ 溶液中混合，并用磁力搅拌，进行还原反应，如反应式（4-2）所示：

$$Fe^{2+} + 2BH_4^- + 6H_2O \longrightarrow Fe^0\downarrow + 2B(OH)_3 + 7H_2\uparrow \qquad (4-2)$$

滴加完毕后，继续将混合液搅拌 30min，使其反应完全，将反应后的溶液真空抽滤装置过滤抽干，用去离子水清洗 2 次，再次抽滤，经抽干后在室温下干燥研磨后，密封保存，得到 KBH_4 合成的纳米零价铁颗粒（K-Fe NPs）。两种颗粒的制备过程均是在有氧的情况下进行的。

4.3 绿茶合成纳米铁性能表征

4.3.1 表面形貌分析

从图 4-1 可观察到 K-Fe NPs 和 G-Fe NPs 的形态和分布。图 4-1a 显示原始的 K-Fe NPs 形状各异，颗粒的尺寸不均匀，团聚较严重，造成这样的原因是在制备和干燥纳米铁颗粒时，没有氮气的保护，纳米铁被氧化。图 4-1b 观察到 G-Fe 颗粒尺寸较均匀，团聚现象没有图 4-1a 那么严重，颗粒较分散，这是由于绿茶提取物不仅是还原剂，还是抗氧化剂，在制备和干燥过程中没有氮气的保护，但是有阻止纳米零价铁氧化的作用。

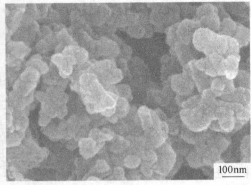

100nm

100nm

a

b

图 4 - 1　纳米铁 SEM 图

a—K-Fe NPs；b—G-Fe NPs

4.3.2　颗粒形状、粒径和分散度分析

　　绿茶合成纳米铁颗粒的形状、大小和分散性使用 TEM 进行进一步的研究。图 4 - 2 是 K-Fe NPs 和 G-Fe NPs 的 TEM 图像。如图 4 - 2a 所示，原始的 K-Fe 颗粒团聚现象比较严重，其轮廓模糊不清，此结果与之前的 SEM 图（见图 4 - 1a）表征相符。导致团聚的原因是制备和干燥颗粒的过程中没有氮气保护，导致其氧化。相反，在图 4 - 2b 中，可以清晰地看到颗粒的团聚情况减轻，这是由于绿茶提取物作为抗氧化剂和覆盖剂起到了纳米零价铁与氧反应，减少了颗粒的团聚现象。

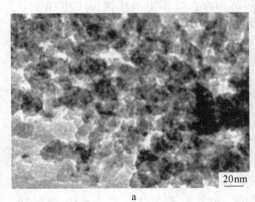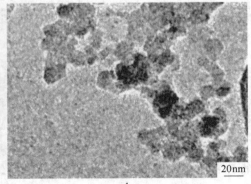

20nm

20nm

a

b

图 4 - 2　纳米铁 TEM 图

a—K-Fe NPs；b—G-Fe NPs

表征结果可知，原始的纳米零价铁颗粒会发生团聚，出现颗粒尺寸大，颗粒表面粗糙等问题，出现这种现象的原因是在没有氮气的保护下，制备和干燥纳米铁颗粒时，颗粒发生了氧化反应。而使用绿茶提取物合成纳米零价铁，颗粒分散性更好，比表面积也得到了提高，增强了纳米铁颗粒的反应活性。其证明了绿茶提取物的抗氧化性和覆盖剂的作用。

4.3.3 绿茶合成纳米铁表面官能团分析

绿茶合成纳米铁前后的红外光谱谱图说明了反应前后的基团振动吸收峰。分析得出绿茶中含有和金属相互作用的表面生物功能组。绿茶提取物的红外（谱图4-3a）表明，基团位于 $1113cm^{-1}$ 和 $1625cm^{-1}$ 处的吸收峰分别代表—C—O—和—C≡C—芳环的伸缩振动峰[14,15]。$1518cm^{-1}$ 代表芳环的伸缩振动峰，$2920cm^{-1}$ 则是C—H 和 CH_2 脂肪族碳氢化合物的振动峰[13,16]。存在一个广泛的峰值是 $3404cm^{-1}$，是指定的 O—H 伸缩振动，说明羟基的存在[17]。进一步对纳米铁颗粒 G-Fe 进行红外分析，不同的峰值范围 $1112cm^{-1}$、$1517cm^{-1}$、$1625cm^{-1}$、$2920cm^{-1}$ 和 $3415cm^{-1}$（图4-3b）。对两种红外进行比较，

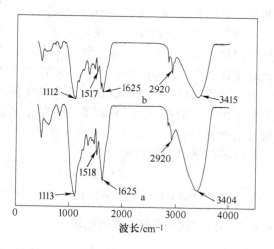

图4-3 绿茶和 G-Fe NPs 颗粒的红外光谱图
a—绿茶；b—G-Fe NPs

发现吸收带有微小的变化，这标志了使用绿茶提取物合成的 G-Fe 颗粒被绿茶中大量存在的多酚包覆。有报道表明[18]，使用植物提取物合成的纳米粒子周围有覆盖着植物中的有机材料，合成后可以放置 6 个月，这个对于使用化学物质的传统方法合成的纳米粒子是一个明显的优势。

4.4 绿茶合成纳米铁对孔雀绿脱色研究

4.4.1 绿茶合成纳米铁对污染物孔雀绿的脱色处理

孔雀绿是一种阳离子染料，芳香族结构，应用于不同的工厂，对人类身体健康存在危害。其化学结构如图4-4所示。

染料孔雀绿的储备液由适量的染料溶于 1L 去离子水配制而成。脱色试验在 250mL 平底反应瓶中完成。分别考察溶液初始 pH 值、孔雀绿初始浓度、纳米铁

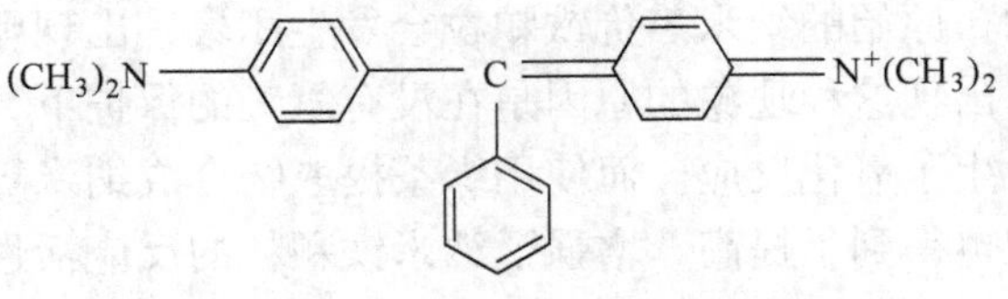

$$(CH_3)_2N \underset{}{\overset{}{\text{—}}} C \text{—} N^+(CH_3)_2$$

图 4 - 4　孔雀绿的化学结构

颗粒投加量以及反应温度的影响。以 0. 05mol/L 的盐酸（HCl）和 0. 1mol/L 的氢氧化钠（NaOH）对溶液的 pH 值进行调整。称取纳米铁颗粒放入 250mL 的反应瓶中，再向反应瓶中注入 100mL 的孔雀绿溶液，立即用橡胶塞密封。然后迅速放入恒温水浴振荡器中进行脱色反应，在特定时间用注射器取样。取样方法：注射器取样后通过装有 0. 45μm 混合纤维素酯微孔滤膜过滤器过滤，再利用紫外分光光度计测量孔雀绿浓度。孔雀绿溶液样品经过 UV-Vis 分光光度计从 400 ~ 900nm 全程扫描，孔雀绿的紫外分光光度的最大吸收波长为 613nm，在此波长下测量脱色反应的吸光度。测试孔雀绿的吸光度值，依据吸光度值与浓度值进行曲线拟合得出染料样品中的孔雀绿浓度。

孔雀绿的脱色率计算公式为：

$$脱色率(\%) = (1 - C_t/C_0) \times 100\% \tag{4-3}$$

式中，C_0 为孔雀绿的初始浓度；C_t 为时间为 t 时孔雀绿的浓度。

4.4.2　不同颗粒的脱色效果比较

分别使用硼氢化钠及绿茶提取物做还原剂制备了 K-Fe NPs 和 G-Fe NPs 颗粒，两种颗粒分别对孔雀绿进行脱色实验，比较孔雀绿的脱色率分析两种颗粒的脱色性能。在孔雀绿溶液的初始浓度为 50mg/L，pH 值为 9，温度为 293K，颗粒投加量分别为 0. 1g/L、0. 25g/L、0. 4g/L 时，两种颗粒对孔雀绿进行脱色。如图 4 - 5 所示，在 60min 时，原始 K-Fe NPs 颗粒在投加量为 0. 1g/L、0. 25g/L、0. 4g/L 时的脱色率分别为 56. 72%、63. 26% 和 71. 27%。而绿茶提取物合成的 G-Fe NPs 颗粒对孔雀绿的脱色率分别为 88. 77%、90. 70% 和 97. 83%。将 3 种颗粒投加量对比，G-Fe NPs 颗粒都有较好的脱色率，其原因为合成及干燥纳米铁颗粒时没有氮气保

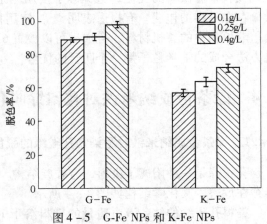

图 4 - 5　G-Fe NPs 和 K-Fe NPs
对孔雀绿脱色的脱色率

护，K-Fe NPs 易被氧化，导致了颗粒团聚，活性位点少，所以脱色率低。而绿茶提取物有抗氧化性和稳定性，在合成及干燥过程中不易被氧化，颗粒得到较好的分散，脱色率也随之升高。

4.4.3 pH 值参数对孔雀绿脱色的影响

探讨不同 pH 值下，G-Fe 颗粒对孔雀绿进行脱色，在孔雀绿的初始浓度为 50mg/L，温度为 293K 及颗粒投加量为 0.6g/L 时，pH 值分别为 3.55，5，7，9 和 10.95 条件下进行脱色。如图 4-6 所示在 pH 值为 3.55，5，7，9 和 10.95 下去除率分别为 98.31%、95.49%、93.83%、90.70% 和 83.24%。可以看出孔雀绿的脱色率随着 pH 值的增加而降低，这是由于 pH 值的增加，会使颗粒表面形成一层铁的氧化物、氢氧化物表面钝化层，占据了活性位点，使其减少，抑制了反应的进行。而在碱性条件下，脱色率也达到了 83.24%，这可能是由于 pH 值较高时，铁颗粒表面荷负电，而孔雀绿是阳离子染料荷正电，从而有利于 G-Fe 颗粒表面吸附孔雀绿分子。总的来说，在酸性、弱碱性下达到了很好的脱色效果，因此，在实际应用中不需特别条件废水的酸度。

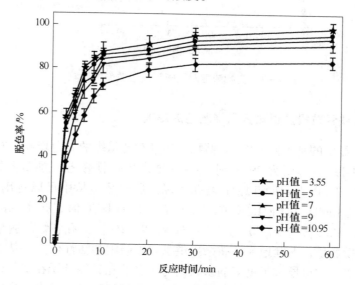

图 4-6　初始 pH 值对孔雀绿脱色效率的影响

4.4.4 染料初始浓度对孔雀绿脱色的影响

图 4-7 中显示了 G-Fe 颗粒对不同浓度的孔雀绿脱色率。反应条件为温度是 293K，G-Fe 颗粒投加量为 0.6g/L 时，pH 值为 9 的条件下进行脱色。孔雀绿的浓度分别为 30mg/L、50mg/L、150mg/L 和 200mg/L 的脱色率在 60min 内分别为

99.27%、90.70%、78.36%和68.44%。而孔雀绿的浓度越高，脱色率越低。最合理的解释是，由于纳米铁颗粒投加量一定，则颗粒的活性位点和吸附能力是一定的，孔雀绿的浓度越高，使得活性位变得不足，形成了孔雀绿对有限的纳米铁颗粒表面活性位点的竞争效应，所以在高浓度下导致脱色率下降。

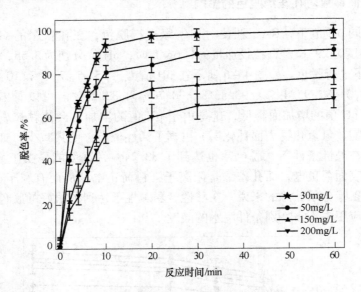

图4-7　初始浓度对孔雀绿脱色效率的影响

4.4.5　纳米铁颗粒投加量对孔雀绿脱色的影响

图4-8显示的是不同的G-Fe颗粒投加量对孔雀绿的脱色影响，初始浓度为50mg/L，pH为9，温度为293K时，G-Fe纳米零价铁颗粒投加量分别为0g/L，0.4g/L，0.6g/L，0.75g/L和1g/L对孔雀绿的脱色率。从中可以看出G-Fe颗粒投加量分别为0g/L、0.4g/L、0.6g/L、0.75g/L和1g/L时，孔雀绿的脱色率分别为4.26%，88.77%，90.70%，97.83%和98.72%。而孔雀绿的脱色率升高归因于增加了投加量，大幅地为孔雀绿提供了更多吸附和活性位点，从而加速了最初的反应速率，这也导致了更多的铁表面与更多的孔雀绿分子在Fe^0-H_2O界面发生碰撞。而图中也可以看出，投加量为0时，孔雀绿的颜色基本不变，说明其不能自降解。

4.4.6　反应体系温度对孔雀绿脱色的影响

图4-9是对不同温度下的孔雀绿的脱色效率。在孔雀绿的初始浓度为50mg/L，pH值为9和颗粒投加量为0.6g/L时，温度在293K，298K，303K和313K下分别对孔雀绿进行了脱色，在60min时脱色率分别为90.70%，93.58%，

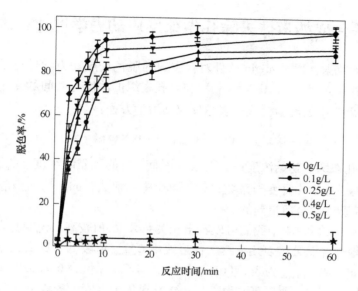

图 4 - 8 G-Fe 投加量对孔雀绿脱色效率的影响

95.90% 和 98.22% 。随着温度的升高，脱色率也增加。温度的增加使脱色率上升的原因可能是因为：增加了溶液的温度，增加了分子的动能，同时也使染料分子在水相和反应位点的传质阻力变弱，温度升高加强了孔雀绿分子扩散或者是转移到 G-Fe 表面[19]，有利于脱色反应的进行，因此使脱色率增加。

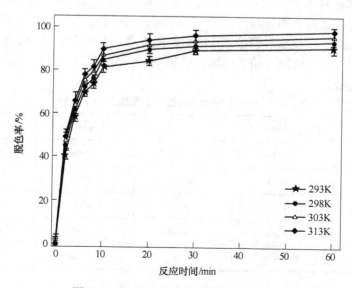

图 4 - 9 温度对孔雀绿脱色效率的影响

4.5　绿茶合成纳米铁去除孔雀绿反应动力学规律

依据实验数据，通过 origin 软件对孔雀绿的脱色反应动力学进行模拟，其使用一级指数衰减方程（$y = Ae^{-x/t} + y_0$）拟合孔雀绿的浓度与时间的变化关系结果最佳，以文献[20]中的经验公式来表达反应动力学方程：

$$C_t = C_{ultimate} + (C_0 - C_{ultimate}) \times \alpha \times \exp(-kt) \qquad (4-4)$$

式中，C_0 为孔雀绿的初始浓度；C_t 为反应时间 t 时的孔雀绿浓度；$C_{ultimate}$ 为最终剩余的孔雀绿浓度；α 是变异系数；k 为经验速率常数，min^{-1}。而 $C_{ultimate}$、α 和 k 为经非线性衰减拟合而得到的。

在表 4-1 ~ 表 4-4 中我们可以看出相关系数 R^2 值较高，说明孔雀绿脱色过程可以很好地被经验公式表述。总之在溶液中 $C_{ultimate}$ 值较低，那么速率常数 k 值会较高。比如，当 $C_{ultimate}$ 为 34.7061mg/L 时，与 $C_{ultimate}$ 值为 65.3599mg/L 时作比较，34.7061mg/L 的 k 值更高。而 $C_{ultimate}$ 会受到各个因素的影响，比如溶液的化学条件，目标污染物的浓度，纳米铁的投加量等。

图 4-10 是不同 pH 值的脱色反应拟合曲线，表 4-1 是曲线拟合数值。从表中可知，反应速率常数随着 pH 值的降低而升高。在 pH 值低的情况下，G-Fe 颗粒被腐蚀，产生了更多的 H 原子和 Fe^{2+}，可以促进反应进行。而在碱性溶液下，纳米铁的表面会生成氧化物或氢氧化物钝化层，覆盖了活性点，而相应的反应速率常数也降低。Yang 等[21]认为较低的 pH 值会把铁的氢氧化物和其他表面的保护层溶解，这样就对孔雀绿分子提供了更多的新鲜反应位点。G-Fe 对孔雀绿脱色过程，只是在实验开始时调节了 pH 值，随着反应的进行，H^+ 被消耗，pH 值也会上升，所以在实验刚开始的时候，效果明显，随着时间推移，脱色率的差距呈现减小的趋势。

表 4-1　不同初始 pH 值条件下反应动力学常数

初始 pH 值	$C_{ultimate}/mg \cdot L^{-1}$	α	k/min^{-1}	R^2
3.55	3.8776	0.9737	0.9949	0.9700
5	4.9613	0.9736	0.9912	0.9729
7	5.9842	0.9655	0.8826	0.9603
9	6.3166	0.9823	0.8805	0.9901
10.95	9.50942	0.9681	0.8704	0.9621

图 4-11 是不同初始浓度的脱色反应拟合曲线，表 4-2 是曲线拟合数据。

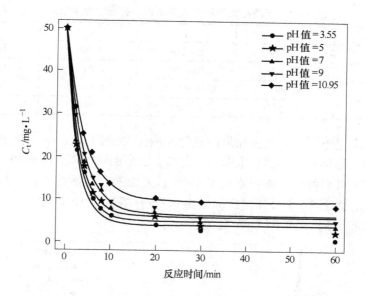

图 4 - 10　不同 pH 值下脱色反应的一级指数衰减拟合曲线

初始浓度对反应速率的影响较大，纳米铁表面的反应点是一定的，染料的浓度过大，导致了反应点的饱和。染料分子在纳米铁表面的吸附，在初始浓度过大时会造成活性点的竞争效应。所以初始浓度越低，孔雀绿分子与纳米铁表面发生反应的概率就越高。

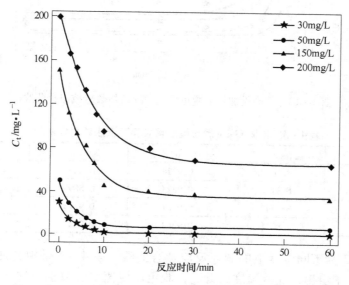

图 4 - 11　不同初始浓度下脱色反应的一级指数衰减拟合曲线

表 4 - 2　不同孔雀绿初始浓度条件下反应动力学常数

$C_0/\text{mg} \cdot \text{L}^{-1}$	$C_{\text{ultimate}}/\text{mg} \cdot \text{L}^{-1}$	α	k/min^{-1}	R^2
30	0.8319	0.9789	0.9853	0.9824
50	0.6317	0.9823	0.8805	0.9901
150	34.7061	0.9911	0.6876	0.9804
200	65.3599	0.9996	0.5319	0.9877

图 4 - 12 是不同纳米铁投加量的脱色反应拟合曲线，表 4 - 3 是曲线拟合数值。投加量的增加，其表面积也增加，提供了更多的活性点，在时间一定的情况下，有更多的孔雀绿分子被吸附在 G-Fe 颗粒表面的反应活性点，其后发生还原反应，因此，由表 4 - 3 可知，投加量由 0.4g/L 增加到 1g/L 时，反应速率常数从 0.6653min^{-1} 增加到 0.944min^{-1}。

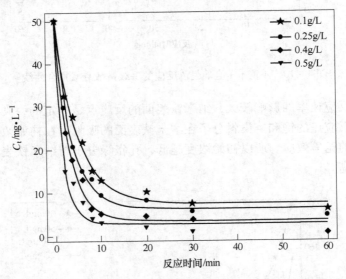

图 4 - 12　不同投加量下脱色反应的一级指数衰减拟合曲线

表 4 - 3　不同 G-Fe 颗粒投加量条件下反应动力学常数

G-Fe/g $\cdot$ L^{-1}	$C_{\text{ultimate}}/\text{mg} \cdot \text{L}^{-1}$	α	k/min^{-1}	R^2
0.4	7.2029	0.9724	0.6653	0.9824
0.6	6.3166	0.9823	0.8805	0.9901
0.75	3.4842	0.9767	0.9478	0.9773
1	2.8221	0.9842	0.9440	0.9682

图 4 - 13 为不同温度下的脱色反应拟合曲线，表 4 - 4 是拟合曲线的数值。可从表 4 - 4 中看出，随着温度的升高，脱色反应速率常数也增加，也因此缩短了脱色反应时间。

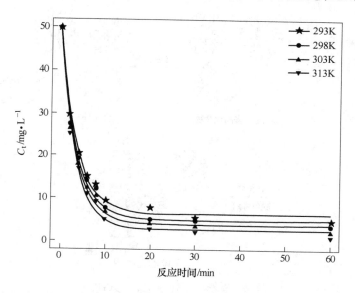

图 4 – 13　不同温度下脱色反应的一级指数衰减拟合曲线

表 4 – 4　不同温度条件下脱色反应动力学常数

温度/K	C_{ultimate}/mg · L^{-1}	α	k/min^{-1}	R^2
293	6. 3166	0. 9823	0. 8805	0. 9901
298	4. 7955	0. 9752	0. 9253	0. 9867
303	3. 8089	0. 9770	0. 9463	0. 9875
313	2. 596	0. 9771	0. 9853	0. 9869

4.6　绿茶合成纳米铁脱色机理研究

　　一些科学调查表示，绿茶含有丰富的水溶性抗氧化剂多酚类物质。酚类化合物具有羟基、酮组，其能够绑定到金属，具有螯合效应[22]。Morana[23]研究报道，多酚具有一般的螯合作用，很可能与芳香环的高亲核的特点有关，而不是分子内特定的螯合组。多酚化合物的抗氧化性主要表现在捐赠电子或氢原子的能力。对合成纳米铁颗粒的可能机制用图 4 – 14 表示，Fe^{2+} 离子和多酚类的自由基形成络合物，随后，Fe^{2+} 即还原为 Fe^0，表儿茶素的还原电位是 0.57V，足够将 Fe^{2+} 还原为 Fe^0（ – 0.44V）。

　　如图 4 – 14 和图 4 – 15 所示，G-Fe 颗粒作为电子供体，电子受体系统为孔雀绿，孔雀绿分子得到电子，使孔雀绿的—C＝C—和＝C＝N—连接苯环的键断开，从而达到了脱色效果[24]。

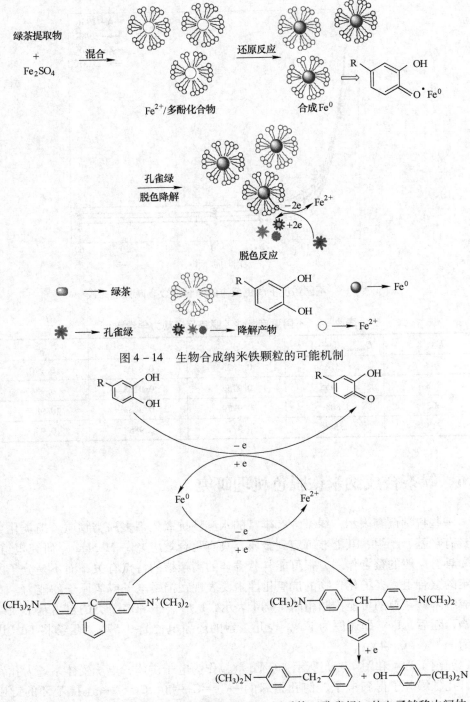

图 4 - 14　生物合成纳米铁颗粒的可能机制

图 4 - 15　G-Fe 作为电子供体（绿茶提取物）和电子受体（孔雀绿）的电子转移中间体

参 考 文 献

［1］ Zhang X, Lin S, Chen Z L, et al. Kaolinite-supported nanoscale zerovalent iron for removal of Pb^{2+} from aqueous solution: Reactivity, characterization and mechanism ［J］. Water Research, 2011, 45 （11）: 3481 ~ 3488.

［2］ Wang C B, Zhang W X. Synthesizing nanoscale iron particles for rapid and complete dechlorination of TCE and PCBs ［J］. Environmental Science & Technology, 1997, 31 （7）: 2154 ~ 2156.

［3］ Kuhn L T, Bojesen A, Timmermann L, et al. Structural and magnetic properties of core-shell iron-iron oxide nanoparticles ［J］. Journal of Physics-Condensed Matter, 2002, 14 （49）: 13551 ~ 13567.

［4］ Karlsson M N A, Deppert K, Wacaser B A, et al. Size-controlled nanoparticles by thermal cracking of iron pentacarbonyl ［J］. Applied Physics A: Materials Science & Processing, 2005, 80 （7）: 1579 ~ 1583.

［5］ Shahwan T, Sirriah S A, Nairat M, et al. Green synthesis of iron nanoparticles and their application as a Fenton-like catalyst for the degradation of aqueous cationic and anionic dyes ［J］. Chemical Engineering Journal, 2011, 172 （1）: 258 ~ 266.

［6］ O'Carroll D, Sleep B, Krol M, et al. Nanoscale zero valent iron and bimetallic particles for contaminated site remediation ［J］. Advances in Water Resources, 2013, 51: 104 ~ 122.

［7］ Guo J Z, Li B, Liu L, et al. Removal of methylene blue from aqueous solutions by chemically modified bamboo ［J］. Chemosphere, 2014, 111: 225 ~ 231.

［8］ Ma L M, Ding Z G, Gao T Y, et al. Discoloration of methylene blue and wastewater from a plant by a Fe/Cu bimetallic system ［J］. Chemosphere, 2004, 55 （9）: 1207 ~ 1212.

［9］ Wang T, Jin X Y, Chen Z L, et al. Green synthesis of Fe nanoparticles using eucalyptus leaf extracts for treatment of eutrophic wastewater ［J］. Science of The Total Environment, 2014, 466 ~ 467: 210 ~ 213.

［10］ Machado S, Stawiński W, Slonina P, et al. Application of green zero-valent iron nanoparticles to the remediation of soils contaminated with ibuprofen ［J］. Science of The Total Environment, 2013, 461 ~ 462: 323 ~ 329.

［11］ Machado S, Pinto S L, Grosso J P, et al. Deleruematos. Green production of zero-valent iron nanoparticles using tree leaf extracts ［J］. Science of The Total Environment, 2013, 445 ~ 446: 1 ~ 8.

［12］ Wang Z Q, Fang C, Megharaj M. Characterization of iron-polyphenol nanoparticles synthesized by three plant extracts and their Fenton oxidation of azo dye ［J］. ACS Sustainable Chemistry & Engineering, 2014, 2 （4）: 1022 ~ 1025.

［13］ Smuleaca V, Varma R, Sikdar S, et al. Green synthesis of Fe and Fe/Pd bimetallic nanoparticles in membranes for reductive degradation of chlorinated organics ［J］. Journal of membrane science, 2011, 379 （1 ~ 2）: 131 ~ 137.

［14］ Rajakumar G, Rahuman A A. Larvicidal activity of synthesized silver nanopar-ticles using Eclipta prostrata leaf extract against filariasis and malaria vectors ［J］. Acta Tropica, 2011, 118

(3): 196 ~ 203.

[15] Begum N A, Mondal S, Basu S, et al. Biogenic synthesis of Au and Ag nanoparticles using aqueous solutions of black tea leaf extracts [J]. Colloids and Surfaces B: Biointerfaces, 2009, 71 (1): 113 ~ 118.

[16] Vázquez G, Fontenla E, Santos J, et al. Antioxidant activity and phenolic content of chestnut (Castanea sativa) shell and eucalyptus (Eucalyptus globulus) bark extracts. Industrial Crops and Products, 2008, 28 (3): 279 ~ 285.

[17] Kumar K M, Mandal B K, Kumar K S, et al. Biobased green method to synthesise palladium and iron nanoparticles using Terminalia chebula aqueous extract [J]. Spectrochimica Acta Part A: Molecular and Biomolecular Spectroscopy, 2013, 102: 128 ~ 133.

[18] Ahmad A, Senapati S, Khan M I, et al. Intracellular synthesis of gold nanoparticles by a novel alkalotolerant actinomycete, Rhodococcus species [J]. Nanotechnology, 2003, 14 (7): 824 ~ 828.

[19] Isik M, Sponza D T. Anaerobic/aerobic treatment of a simulated textile wastewater [J]. Separation and Purification Technology, 2008, 60 (1): 64 ~ 72.

[20] Shu H Y, Chang M C, Yu H H, et al. Reduction of an azo dye Acid Black 24 solution using synthesized nanoscale zerovalent iron particles [J]. Journal of Colloid and Interface Science, 2007, 314 (1): 89 ~ 97.

[21] Yang G C C, Lee H L. Chemical reduction of nitrate by nanosized iron: kinetics and pathways [J]. Water Research, 2005, 39 (5): 884 ~ 894.

[22] Saxena A, Tripathi R M, Zafarb F, et al. Green synthesis of silver nanoparticles using aqueous solution of Ficus benghalensis, leaf extract and characterization of their antibacterial activity [J]. Material Letters, 2012, 67 (1): 91 ~ 94.

[23] Morana J F, Klucasb R V, Grayerc R J, et al. Complexes of iron with organic compounds from soyabean nodules and other legume tissues: proox-idant and antioxidant properties [J]. Free Radical Biology and Medicine, 1997, 22 (5): 861 ~ 870.

[24] Huang L L, Weng X L, Chen Z L, et al. Green synthesis of iron nanoparticles by various tea extracts: Comparative study of the reactivity [J]. Spectrochimica Acta Part A: Molecular and Biomolecular Spectroscopy, 2014, 130: 295 ~ 301.

5 纤维素改性纳米零价铁对水中染料的脱色降解

5.1 引言

在已报道过的分散稳定剂中，水溶性的多糖由于其廉价和环境友好性而被用作一种优秀的稳定剂。这种类型的稳定剂不仅能在纳米零价铁合成过程中有效地控制颗粒粒径，还能抑制纳米零价铁在液相中的团聚，因此，纳米零价铁的颗粒大小和反应活性均得到明显的改善。纤维素是一种来源广泛的可再生天然高分子材料，被广泛应用于各种行业中，如日化和制药行业。羧甲基纤维素（CMC）作为一种纤维素衍生物已经被成功地应用于分散稳定纳米零价铁和其他纳米颗粒，并用来处理土壤和地下水中的多种污染物[1~3]。而羟乙基纤维素（HEC）和羟丙基甲基纤维素（HPMC）作为重要的纤维素衍生物，除了具有高效和环境友好的特点之外，有以下两个优点：

（1）它们含有大量的羟基（—OH）官能团，这些羟基易于接近，并能与多种不同的官能团结合；

（2）它们丰富的链状结构能够有效地支撑纳米零价铁颗粒，使其分散并增加颗粒与污染物的接触面积。

HEC 和 HPMC 的结构式如表 5-1 所示，它们具有相似的化学结构，但是在官能团的种类上具有差异，HEC 和 HPMC 含有比 CMC 更丰富的羟基。目前为止，还没有用 HEC 和 HPMC 对纳米零价铁进行分散改性并应用于有机染料脱色的相关研究，因此采用羟乙基纤维素（HEC）和羟丙基甲基纤维素（HPMC）来对纳米零价铁进行稳定改性，并研究其各项性质，以拓宽 NZVI 改性的可用分散剂类型。

表 5-1 HEC 和 HPMC 的化学结构

名　称	化　学　结　构
HEC	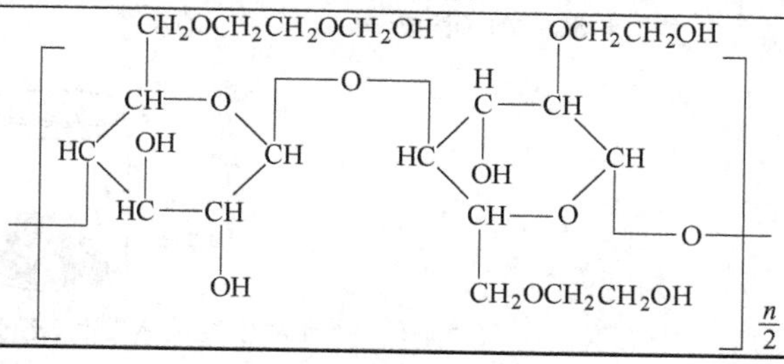

名　称	化　学　结　构
HPMC	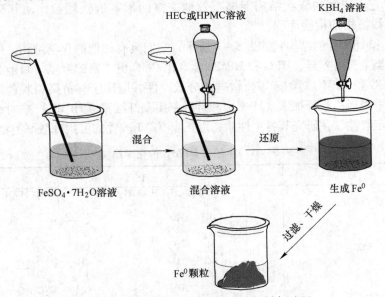

5.2　纤维素改性纳米铁制备

　　采用液相还原法制备纤维素改性纳米铁颗粒 NZVI：以 $FeSO_4 \cdot 7H_2O$ 为前驱体，KBH_4 为还原剂，羟乙基纤维素（HEC）和羟丙基甲基纤维素（HPMC）为分散剂。利用 KBH_4 的强还原性，将 Fe^{2+} 还原为 Fe^0，在此过程中，分散剂（HEC 或 HPMC）可以使生成的零价铁颗粒变得更分散。由于纳米级的零价铁活性非常高，容易与空气中的氧气接触氧化从而失去活性，为保证颗粒的活性，整个制备过程在氮气保护下进行，其过程如图 5 - 1 所示。

图 5 - 1　纤维素改性纳米零价铁的制备过程

5.2.1 HEC 改性的纳米零价铁的制备

羟乙基纤维素 HEC 改性纳米零价铁的合成过程原理示意图如图 5 - 2a 所示。首先，将 20g $FeSO_4 \cdot 7H_2O$ 溶于 100mL 去离子水中，然后取一定体积的浓度为 10g/L 的羟乙基纤维素储备溶液与 $FeSO_4 \cdot 7H_2O$ 溶液混合并搅拌 30min，使其均匀混合。在这一过程中，Fe^{2+} 将均匀分散在 HEC 的分子链所组成的凝胶网状结构中。随后，滴入 100mL 的含有 15g KBH_4 水溶液，滴加完毕后持续搅拌 15 ~ 30min，让溶液充分反应。接着，将反应完全的溶液用装有 0.22 μm 水系混合纤维微孔滤膜的布氏漏斗进行抽滤，并用去离子水冲洗 3 遍后，滤干后得到的黑色颗粒即为纳米零价铁颗粒；将得到的纳米铁颗粒用无水乙醇冲洗 3 遍，最后用丙酮冲洗一遍后，经砂芯过滤装置抽滤过后真空干燥，将干燥的颗粒研磨封存在装有变色硅胶的真空干燥器中备用。以上过程制备得到的颗粒即为 HEC 改性的纳米零价铁颗粒，记为 ENZVI。合成原理如反应方程式（5 - 1）所示。

$$Fe^{2+} + 2BH_4^- + 6H_2O \longrightarrow Fe^0 \downarrow + 2B(OH)_3 + 7H_2 \uparrow \tag{5-1}$$

5.2.2 HPMC 改性的纳米零价铁的制备

羟丙基甲基纤维素 HPMC 改性纳米零价铁的合成过程原理示意图如图 5 - 2b 所示。首先，将 20g $FeSO_4 \cdot 7H_2O$ 溶于 100mL 去离子水中，然后取一定体积的浓度为 10g/L 的羟丙基甲基纤维素储备溶液与 $FeSO_4 \cdot 7H_2O$ 溶液混合并搅拌 30min，使其均匀混合。在这一过程中，Fe^{2+} 将均匀分散在 HPMC 的分子链所组成的凝胶网状结构中。随后，向混合液中滴入 100mL 的含有 15g KBH_4 溶液，滴加完后继续搅拌 15 ~ 30min，让溶液充分反应。接着，将反应完全的溶液用装有 0.22 μm 水系混合纤维微孔滤膜的布氏漏斗进行抽滤，并用去离子水冲洗 3 遍后，滤干后得到的黑色颗粒即为纳米零价铁颗粒；将得到的纳米铁颗粒用无水乙醇冲洗 3 遍，最后用丙酮冲洗一遍后，经砂芯过滤装置抽滤过后真空干燥，将干燥的颗粒研磨封存在装有变色硅胶的真空干燥器中备用。以上过程制备得到的颗粒即为 HPMC 改性的纳米零价铁颗粒，记为 PNZVI。反应合成的原理见式（5 - 1）。

5.2.3 未改性的纳米零价铁的制备

为对比分散剂的改性效果，同时制备了未改性的纳米零价铁，制备步骤与改性纳米零价铁合成步骤类似，主要区别是：在合成过程中不添加任何分散剂，直接滴加 KBH_4 将 $FeSO_4 \cdot 7H_2O$ 还原为纳米零价铁，并在同样的真空干燥箱中保存，未改性的纳米零价铁记为 BNZVI。

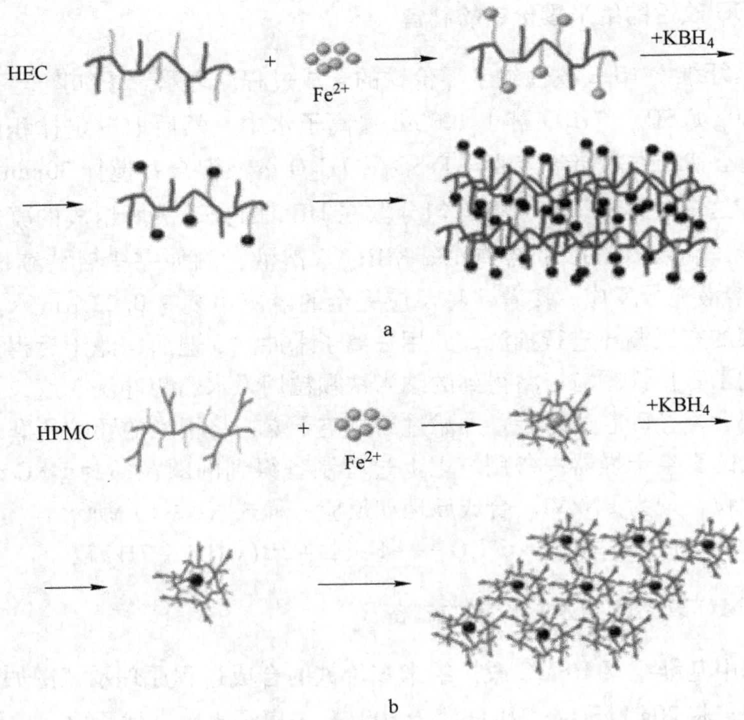

图 5 - 2　纳米零价铁改性过程及可能的结构示意图

a—HEC 改性纳米铁；b—HPMC 改性纳米零价铁

5.3　纤维素改性纳米铁的表征

5.3.1　纤维素改性纳米铁晶体结构分析

未改性的纳米零价铁与经两种分散剂（羟乙基纤维素 HEC 和羟丙基甲基纤维素 HPMC）改性的纳米零价铁颗粒（BNZVI、ENZVI 和 PNZVI）的 X 射线衍射图谱如图 5 - 3 所示。从图中可以看出，三种颗粒在 $2\theta = 44.67°$、$65.02°$ 和 $82.33°$ 均有明显的出峰，通过查阅资料对照 PDF 卡片相关系数可知，两种改性颗粒 ENZVI、PNZVI 和未改性颗粒 BNZVI 均含有 $\alpha\text{-}Fe^0$。但值得注意的一点是，在 BNZVI 的 XRD 图中可以看到，$2\theta = 35.68°$ 处有一个明显的峰，该峰为铁的氧化峰。而与此相对应的地方，改性颗粒 ENZVI 和 PNZVI 的图谱却没有出现氧化峰。这说明，未改性的 BNZVI 颗粒容易发生氧化，其原因可能是由于在合成、保存及运输过程中与氧气的短暂接触而被氧化，同时也证明分散剂 HEC 和 HPMC 的引入有效地保护了零价铁颗粒并抑制了颗粒的氧化，使得到的零价铁颗粒更纯粹。

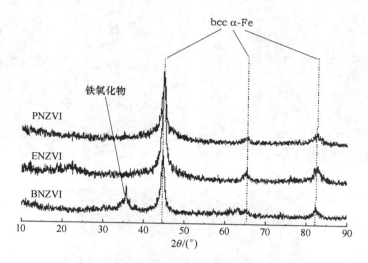

图 5 - 3　未改性纳米零价铁及纤维素改性纳米零价铁颗粒 XRD 图谱

5.3.2　纤维素改性纳米铁表面形貌分析

图 5 - 4 为未改性的纳米零价铁 BNZVI 与经两种分散剂 HEC 和 HPMC 改性的纳米零价铁颗粒 ENZVI 和 PNZVI 的扫描电镜图。可通过扫描电镜图对颗粒的表面形貌特征进行观察。其中图 5 - 4a 为未改性的 BNZVI 颗粒的扫描电镜图，可以看出，图中的纳米零价铁颗粒虽然具有一定的链状结构，但颗粒大小不均匀并且有明显的团聚现象。造成这种现象的原因主要是由于纳米零价铁本身具有磁性，颗粒之间由于磁力而聚集在一起。图 5 - 4b 和图 5 - 4c 分别为 HEC 改性和 HPMC 改性的纳米零价铁的扫描电镜图，通过对两者表面形貌的观察发现，经分散剂改性后的纳米零价铁颗粒均具有均匀的粒径分布，且颗粒形状为分散的球状，呈现出链状结构分散规律。结果说明分散剂的加入对颗粒的团聚现象起到了有效的抑制，这主要是由于具有丰富支链以及羟基官能团的纤维素分散剂的加入，对零价铁颗粒形成了有效的支撑保护，从而使零价铁颗粒之间具有一定的空间位阻效应，达到了抑制团聚和均匀分散颗粒的目的。

5.3.3　纤维素改性纳米铁颗粒形状及粒径分析

研究对制备的三种纳米零价铁颗粒进行了透射电镜扫描，其目的是为了观察颗粒的形状、粒径尺寸和团聚程度。图 5 - 5 为纳米零价铁颗粒的透射电镜图，其中图 5 - 5a ～ c 分别为未改性颗粒 BNZVI、HEC 改性纳米铁颗粒 ENZVI 和

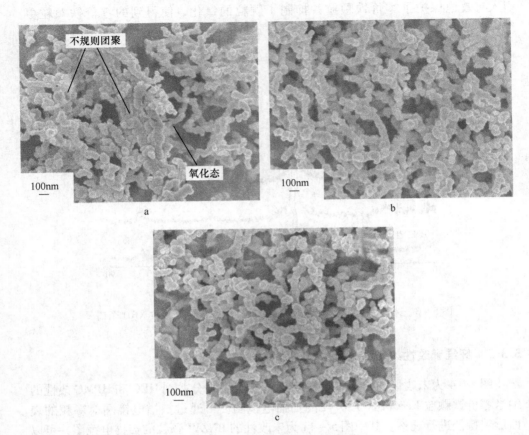

图 5-4　纳米零价铁的扫描电镜图

a—未改性纳米零价铁颗粒；b—羟乙基纤维素（HEC）改性纳米零价铁颗粒；
c—羟丙基甲基纤维素（HPMC）改性纳米零价铁颗粒

HPMC 改性纳米铁颗粒 PNZVI。从图 5-5a 中可以看出，未经改性的纳米零价铁颗粒团聚严重，虽然有一定的链状结构但颗粒间不能够清晰分辨，颗粒粒径约在 80~100nm 之间。相对而言，图 5-5b 中的 ENZVI 颗粒和图 5-5c 中的 PNZVI 颗粒则具有清晰的链状结构，颗粒分散更加均匀，粒径在 50nm 左右，远远小于未改性的纳米零价铁颗粒，这一现象与 SEM 表征结果一致。造成这种不同的原因是，分散剂 HEC 和 HPMC 在纳米零价铁合成过程中对颗粒形成结构支撑，通过静电作用和空间位阻作用减少了颗粒的团聚。

5.3.4　纤维素改性纳米铁比表面积分析

在脱附温度 110℃，脱附时间为 24h，平衡时间为 2h，平衡温度为 77K 的条件下，对改性和未改性的纳米零价铁颗粒进行了比表面积的测定。测定结果显

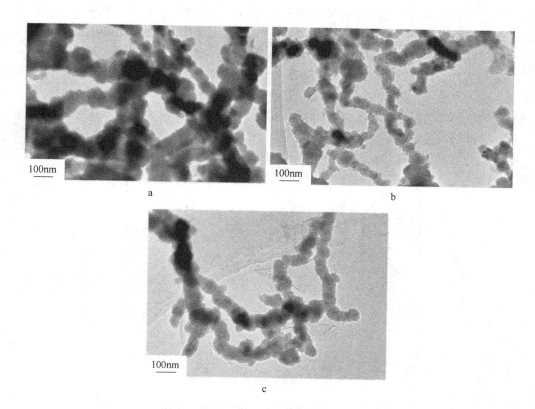

图 5-5 纳米零价铁颗粒的透射电镜图
a—未改性纳米零价铁颗粒；b—羟乙基纤维素（HEC）改性纳米零价铁颗粒；
c—羟丙基甲基纤维素（HPMC）改性纳米零价铁颗粒

示，未改性纳米零价铁、羟乙基纤维素改性纳米零价铁和羟丙基甲基纤维素改性的纳米零价铁颗粒的比表面积分别为：$33.7m^2/g$、$38.2m^2/g$ 和 $37.5m^2/g$。

由三者的比表面积结果可以看出，与未改性的零价铁 BNZVI 相比，经纤维素分散改性的纳米零价铁颗粒的比表面积均有所增大，粒径尺寸有所减小。其原因是由于分散剂 HEC 和 HPMC 的加入能有效地支撑纳米零价铁颗粒，抑制颗粒的团聚，使得零价铁颗粒变得更加均匀和分散，从而使颗粒粒径减小，比表面积增加。其分散性的提高与 SEM 和 TEM 表征结果一致。比表面积的增大有助于在降解反应中增大与目标污染物的接触面积，从而提高零价铁颗粒降解污染物的性能。

5.3.5 纤维素改性纳米铁的红外官能团分析

为了更好地理解分散剂改性后的纳米零价铁的表面结构及官能团组成，研究对羟乙基纤维素改性纳米零价铁和羟丙基甲基纤维素改性纳米零价铁颗粒均进行了傅里叶变换红外光谱表征，结果如图 5-6 所示。ENZVI 和 PNZVI 的图谱中均出现了两个明显的红外信号，分别在图中 1450cm^{-1} 和 3207cm^{-1} 处。通过查阅相关资料可知，ENZVI 和 PNZVI 在 3207cm^{-1} 处的吸收峰为羟基（—OH）的伸缩振动，而 1450cm^{-1} 处的峰则是由于亚甲基（—CH$_2$）的伸缩振动。参考表 5-1，这两个官能团均为羟乙基纤维素（HEC）和羟丙基甲基维生素（HPMC）的特征官能团。分散剂改性纳米零价铁颗粒表面羟基和亚甲基的红外检测结果证明了零价铁颗粒表面分散剂的存在，也说明了分散剂的有效吸附是颗粒分散的重要原因。

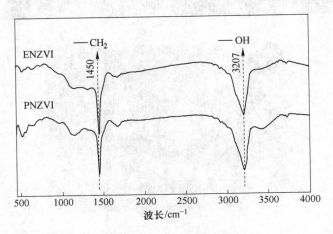

图 5-6 分散剂改性纳米零价铁的红外图谱

5.3.6 纤维素改性纳米铁表面化学价态分析

为研究未改性纳米零价铁（BNZVI）、羟乙基纤维素改性纳米零价铁（ENZVI）和羟丙基甲基纤维素改性纳米零价铁（PNZVI）颗粒的化学组成，研究用 X 射线光电子能谱仪对改性和未改性纳米零价铁的组成和化学价态分析，结果如图 5-7 所示。图 5-7a 为未改性和分散剂改性零价铁表面的全谱扫描，基于此图可以看出，BNZVI、ENZVI 和 PNZVI 的主要元素均为铁、氧、碳。其中BNZVI 含有少量的碳特征峰，这可能是在颗粒制备、冲洗过程或与空气接触过程中接触到的二氧化碳、水或者别的有机化合物（如乙醇和丙酮）而导致的。图5-7b 和图 5-7c 分别为铁元素和碳元素的能谱图。图 5-7b 中 706.5eV 处的峰为零价铁，710.9eV 处的光电子峰则为氧化铁（Fe（Ⅲ））的 2p3/2 结合能。首先，从图中可以看出三种颗粒的主要组成均为零价铁，但 BNZVI 在 710.9eV 处出现明显的氧化铁峰说明，在没有分散剂的保护下，零价铁发生了严重的氧化；与此同时，ENZVI 和 PNZVI 在此处峰高的减弱表明，零价铁颗粒表面分散剂

HEC 和 HPMC 的存在有效增强了零价铁的抗氧化性。图 5-7c 中 285.2eV 和 286.7eV 处的两个峰分别代表 C—C 和 C—O，这是分散剂 HEC 和 HPMC 含有的亚甲基、甲基和羟基表现出来的特征峰，证明了分散剂改性纳米零价铁表面 HEC 和 HPMC 的存在。

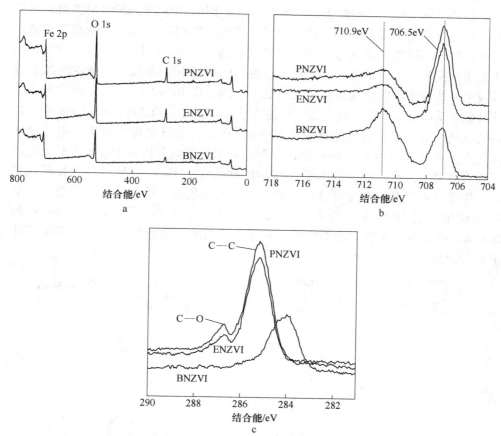

图 5-7 纳米零价铁颗粒的光电子能谱分析图谱

a—全谱图；b—Fe 2p 谱图；c—C 1s 谱图

5.4 纤维素改性纳米铁对水中染料的脱色降解

5.4.1 纤维素改性纳米铁去除染料种类的选择

采用未改性纳米零价铁，HEC 改性纳米零价铁和 HPMC 改性纳米零价铁颗粒对染料的脱色降解效率来研究分散剂改性纳米零价铁颗粒的降解性能。在进行系统研究前，需确定分散剂的添加量和目标污染物种类。因此降解部分将从以下两个方面进行分析：

(1) 分散剂添加量和目标污染物的选择；

(2) 反应条件（纤维素改性纳米铁投加量、初始 pH 值、污染物初始浓度和反应温度）对零价铁降解效率的影响。

脱色降解实验先以橙黄Ⅱ、甲基橙、甲基蓝和亚甲基蓝四种染料为目标污染物，其化学结构见图 5-8。所涉及的脱色降解实验均在 250mL 的带塞反应瓶中进行。染料的标准储备液均以去离子水为溶剂，储备液浓度为 2g/L。首先，用去离子水配制一定初始浓度的染料反应液 100mL 备用。称取一定量的纤维素改性或未改性纳米零价铁颗粒放入反应瓶中，随即将 100mL 一定浓度的染料反应溶液倒入反应瓶中。将反应瓶置于恒温水浴振荡器中，以 170r/min 的转速边振荡边反应。整个反应进行的时间为 60min，在反应进行过程中设置一定的取样时间点，在取样点用 5mL 的一次性注射器抽取反应液并用 0.45μm 的水系混合纤维微孔滤膜进行过滤，取 1mL 过滤后的样品置于 10mL 的比色管中并稀释定容，用紫外可见分光光度计进行分析，计算其脱色率。橙黄Ⅱ、甲基橙、甲基蓝和亚甲基蓝四种染料的最大吸收波长分别为 483nm、463nm、596nm 和 664nm。设置空白实验，即不投加纳米零价铁的染料反应溶液在相同实验条件下进行的反应。

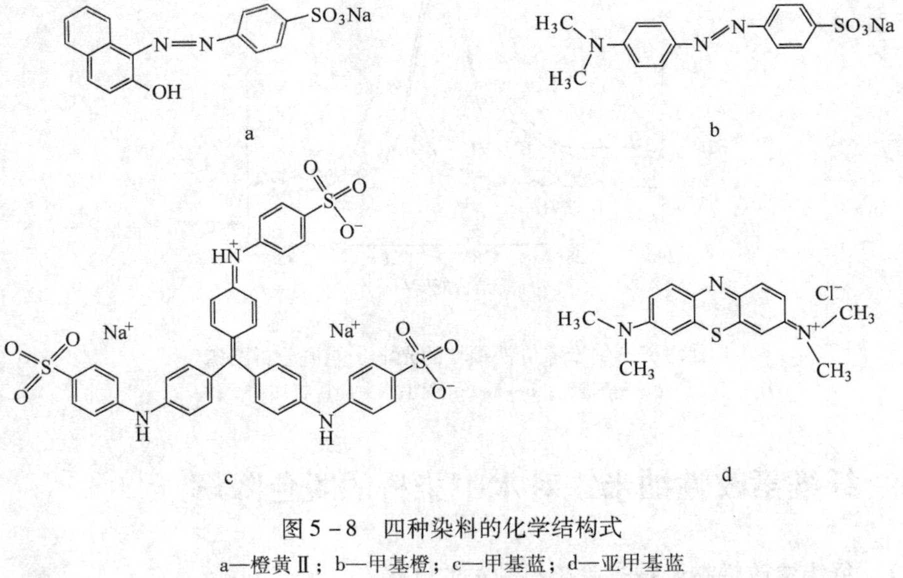

图 5-8　四种染料的化学结构式

a—橙黄Ⅱ；b—甲基橙；c—甲基蓝；d—亚甲基蓝

5.4.2　分散剂添加量对染料脱色率的影响

在合成改性纳米零价铁的过程中，分散剂添加量的多少是影响纳米零价铁颗粒性质的一个重要因素。图 5 - 9 为添加不同分散剂量合成的改性纳米零价铁对橙黄 II 的脱色率。

在纤维素改性纳米铁投加量为 0.2g/L，染料初始浓度为 100mg/L，pH 为 5.96，反应温度为 293K 的条件下，当分散剂 HEC 添加量（质量分数）为 0%、0.74%、1.24%、1.99%、2.48%、3.23% 和 3.72% 时，HEC 改性纳米零价铁对橙黄 II 的脱色降解效率分别为 72.9%、72.6%、82.5%、71.2%、62.5%、52.1% 和 49.5%（如图 5 - 9a 所示）。而当分散剂 HPMC 添加量（质量分数）为 0%、0.74%、1.24%、2.48%、3.72%、4.96%、6.21% 和 7.44% 时，HPMC 改性纳米零价铁对橙黄 II 的脱色降解效率分别为 72.9%、78.2%、87.9%、71%、75.2%、74.7%、80.5% 和 79.6%（如图 5 - 9b 所示）。

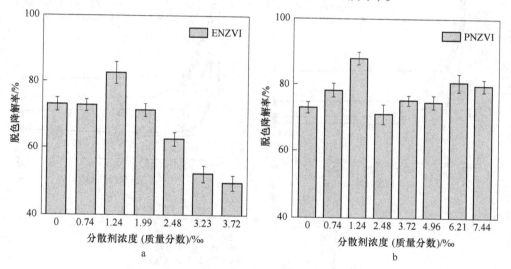

图 5 - 9　不同分散剂添加量对纤维素改性纳米铁降解橙黄 II 的影响
（NZVI 投加量 0.2g/L，pH 值为 5.96，温度为 293K，溶液初始浓度 100mg/L）
a—ENZVI；b—PNZVI

从图中可以看出，分散剂的添加量并非越多越好。巧合的是，分散剂 HEC 和 HPMC 添加量（质量分数）均在与铁的比例为 1.24% 时所合成的改性纳米零价铁颗粒脱色降解效率最高，因此后续实验优化选用（质量分数）1.24% 为分散剂添加量。造成这种现象的原因是，当分散剂的添加量（质量分数）大于 1.24% 时，纤维素改性纳米铁表面的反应活性点位可能被过量的分散剂覆盖，从而阻碍了改性纳米零价铁颗粒与目标染料污染物之间的传质速率；此外，当分散剂添加量过多时，合成的过程中会释放大量的热能，并产生大量的泡沫，需要的反应容器巨大，而这不利于实际应用。另一方面，当分散剂添加量（质量分数）小于 1.24% 时，分散剂的量不足以使纤维素改性纳米铁充分的分散开来，使得颗粒仍然有团聚发生，从而不能有效提高纳米零价铁颗粒的性质。

5.4.3 不同染料的脱色降解率

四种不同的有机染料，甲基橙、甲基蓝、亚甲基蓝和橙黄Ⅱ被作为目标污染物来研究 BNZVI、ENZVI 和 PNZVI 对染料的脱色率。在 NZVI 投加量为 0.2g/L，染料初始浓度为 100mg/L，pH 为 5.96，反应温度为 293K 的条件下，其脱色降解效果图如图 5-10 所示。

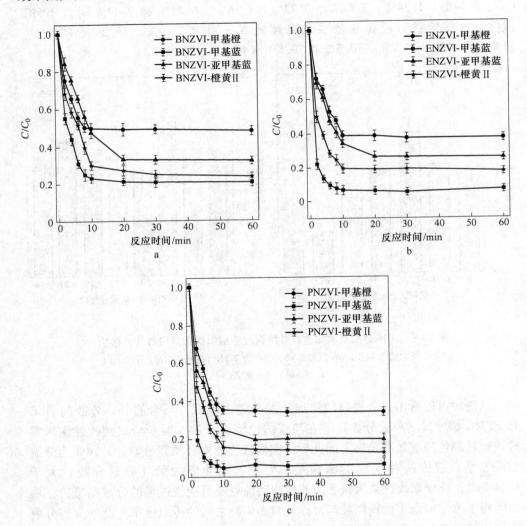

图 5-10　纤维素改性纳米铁及未改性纳米铁对不同染料的脱色降解效率
（NZVI 投加量为 0.2g/L，pH 值为 5.96，温度为 293K，初始浓度为 100mg/L）
a—BNZVI；b—ENZVI；c—PNZVI

从图中可以看出，甲基橙、甲基蓝和橙黄Ⅱ均在反应开始的前10min迅速被脱色，在10min以后脱色率逐渐趋于稳定，这一过程对于亚甲基蓝则需20min。在60min的充分接触反应之后，BNZVI对甲基橙、甲基蓝、亚甲基蓝和橙黄Ⅱ的脱色降解率分别达到了51.9%，79.6%，67.7%，和76.4%；而ENZVI对甲基橙、甲基蓝、亚甲基蓝和橙黄Ⅱ的脱色降解率分别达到了62.5%，93.1%，74%和82.5%；同时，PNZVI对甲基橙、甲基蓝、亚甲基蓝和橙黄Ⅱ的脱色降解率则分别达到了66.4%，94.1%，80.9%和88%。从最终的60min降解率可以看出，未改性纳米零价铁颗粒和分散剂改性纳米零价铁颗粒对染料的降解能力为：PNZVI > ENZVI > BNZVI。根据三种纳米零价铁颗粒对染料的脱色降解率，还可以得出染料的易降解程度顺序为：甲基蓝 > 橙黄Ⅱ > 亚甲基蓝 > 甲基橙。为方便对降解影响因素的研究，后续实验选用降解难易程度居于中间位置的橙黄Ⅱ为目标污染物。

5.4.4　不同反应条件下的脱色率

为了更好地研究分散剂HEC和HPMC包覆对改性纳米零价铁在脱色降解反应中的作用，选用橙黄Ⅱ作为目标污染物，在不同反应条件下进行脱色降解实验。

5.4.4.1　NZVI投加量对染料脱色降解的影响

研究考察了染料初始浓度为100mg/L，反应温度为293K，初始pH值为5.96时，NZVI投加量分别为0.2g/L、0.3g/L、0.5g/L和0.7g/L时三种纳米零价铁颗粒对橙黄Ⅱ脱色率的影响，如图5-11所示。从图中可以看出，反应开始的前10min，所有的实验样均迅速反应并趋于稳定，NZVI投加量越大，橙黄Ⅱ的脱色率也随之增大。当投加量为0.2g/L时，BNZVI、ENZVI和PNZVI的脱色率分别为76.4%、82.5%和88%，当投加量为0.7g/L时，这个值分别为93.4%、96.3%和98.6%。当纳米零价铁的投加量从0.2g/L增加到0.7g/L时，脱色率之间的差距逐渐缩小。原因是当纳米零价铁的投加量越接近于最优值时，相应的脱色率越接近最大脱色率，从而使颗粒性能的差异缩小。可以看出，当投加量从0.2g/L增加到0.3g/L，0.3g/L增加到0.5g/L时，所有颗粒的脱色率均有明显提高，而投加量从0.5g/L增加到0.7g/L时，脱色率没有明显提高。其原因可能是因为当投加量越小时，越能充分发挥零价铁的性能，经改性的ENZVI和PNZVI能降解更多的染料；因为当投加量越大时，零价铁越趋于过量，而使脱色率没有明显差别。同时，改性的零价铁的效果均比未改性的效果好，其中HPMC改性的零价铁效果最好，当投加量为0.7g/L时，几乎将橙黄Ⅱ全部脱色。

5.4.4.2　溶液初始pH对染料脱色降解的影响

为更好地研究染料的脱色率，图5-12展示了不同pH值条件下，三种纳米

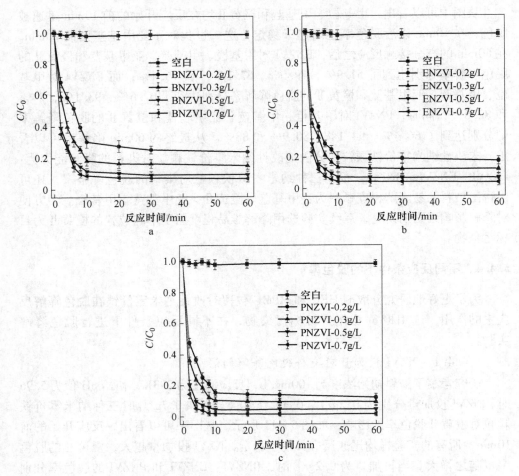

图 5 - 11　不同 NZVI 投加量对降解橙黄 II 的影响

（pH 值为 5.96，温度 293K，初始浓度为 100mg/L）

a—BNZVI；b—ENZVI；c—PNZVI

零价铁颗粒对橙黄 II 的脱色降解率。在 NZVI 投加量为 0.2g/L，染料初始浓度为 100mg/L，反应温度为 293K 的条件下，当 pH 值分别为 4.83、5.96、7、8.43 和 9.72 时，BNZVI 对橙黄 II 的脱色降解率依次为 81.92%、76.37%、69.71%、63.85% 和 57.3%；而 ENZVI 对橙黄 II 的脱色降解率依次为 85.38%、82.51%、76.62%、69.77% 和 63.15%；同时，PNZVI 对橙黄 II 的脱色降解率则依次为 91.98%、87.95%、81.73%、75.79% 和 68.73%。从图中可以看出，随着 pH 值的升高，颗粒对染料的脱色率呈降低趋势。当 pH 值从 4.83 升到 9.72 时，BNZVI 的降解脱色率从 81.9% 降到了 57.3%，ENZVI 的这个值从 85.4% 降到了 64.1%，PNZVI 的这个值则从 92% 降到了 68.7%。

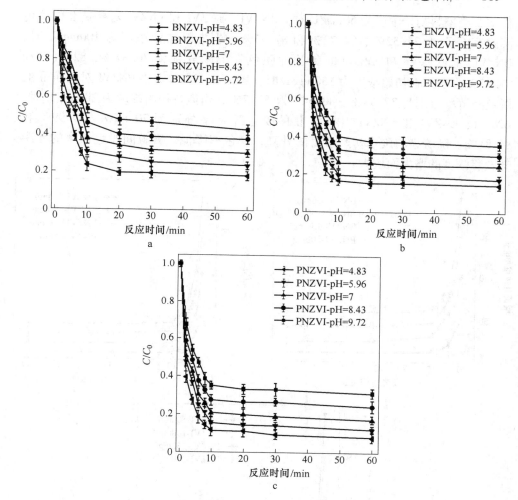

图 5-12　不同溶液初始 pH 值投加量对降解橙黄 Ⅱ 的影响

（NZVI 投加量 0.2g/L，温度 293K，初始浓度为 100mg/L）

a—BNZVI；b—ENZVI；c—PNZVI

　　由于酸性条件有利于活性氢的产生，可促进染料显色基团的破裂；而碱性条件下，则更容易生成氧化铁沉淀沉积在零价铁颗粒表面，抑制染料与颗粒活性位点的接触，从而抑制反应降低脱色率，但由于分散剂的作用，可以减少氧化铁在 NZVI 表面的沉积，从而减小 pH 值的抑制作用。通常情况下，排出的染料废水 pH 值在 6 ~ 10 之间，所以后续研究以 pH 值 5.96 为修正反应条件。

5.4.4.3　染料初始浓度对染料脱色降解的影响

　　图 5-13 展示了溶液初始浓度对 BNZVI、ENZVI 和 PNZVI 降解橙黄 Ⅱ 最终脱色效率的影响。在 NZVI 投加量为 0.2g/L，pH 值为 5.96，反应温度为 293K 的条

件下，当染料初始浓度为 50mg/L 时，BNZVI、ENZVI 和 PNZVI 对橙黄Ⅱ的脱色降解率分别为 77.52%、84.72% 和 87.93%；当染料初始浓度为 100mg/L 时，BNZVI、ENZVI 和 PNZVI 对橙黄Ⅱ的脱色降解率分别为 76.37%、82.51% 和 87.95%；当染料初始浓度为 150mg/L 时，BNZVI、ENZVI 和 PNZVI 对橙黄Ⅱ的脱色降解率分别为 72.53%、80.54% 和 87.7%；当染料初始浓度为 200mg/L 时，BNZVI、ENZVI 和 PNZVI 对橙黄Ⅱ的脱色降解率分别为 70.85%、79.99% 和 84.81%。随着染料废水初始浓度的升高，脱色率降低，颗粒间脱色效率的差距却随着浓度的增大而增大。

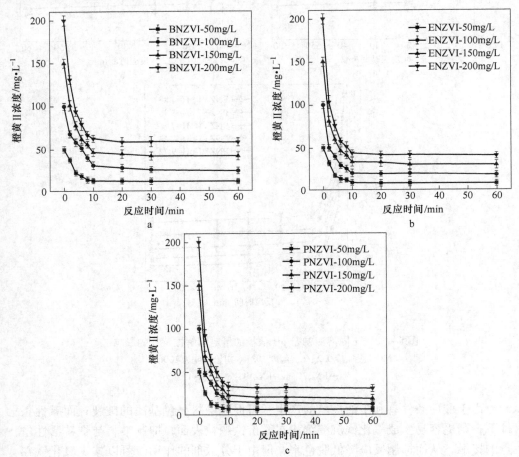

图 5-13　不同溶液初始浓度对降解橙黄Ⅱ的影响
（NZVI 投加量 0.2g/L，pH 值为 5.96，温度 293K）
a—BNZVI；b—ENZVI；c—PNZVI

这是因为在高浓度时，有足够的染料分子作为降解目标，从而使零价铁还原能力发挥到最大。改性的 ENZVI 和 PNZVI 颗粒的优越性随着初始浓度的增大而逐渐体现出来，由于 ENZVI 和 PNZVI 的分散性较 BNZVI 有所提高，因此有助于污染物与零价铁颗粒表面的接触。研究选用 100mg/L 为反应条件。

5.4.4.4 反应温度对染料脱色降解的影响

温度是影响反应进行的一个重要因素，图 5 - 14 是溶液温度对脱色率的影响。在 NZVI 投加量为 0.2g/L，染料初始浓度为 100mg/L，pH 值为 5.96 的条件下，当反应温度为 293K 时，BNZVI、ENZVI 和 PNZVI 对橙黄 Ⅱ 的脱色降解率分别为 76.37%、82.51% 和 87.95%；当反应温度为 303K 时，BNZVI、ENZVI 和 PNZVI 对橙黄 Ⅱ 的脱色降解率分别为 80.43%、85.94% 和 90.887%；当反应温度为 313K 时，BNZVI、ENZVI 和 PNZVI 对橙黄 Ⅱ 的脱色降解率分别为 84.77%、

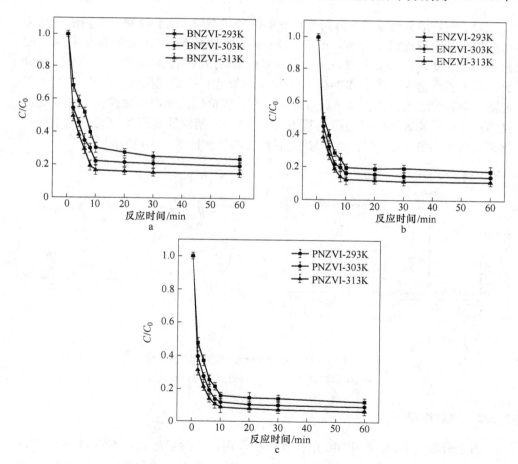

图 5 - 14 不同反应温度对降解橙黄 Ⅱ 的影响

(NZVI 投加量 0.2g/L，pH 值为 5.96，初始浓度 100mg/L)

a—BNZVI；b—ENZVI；c—PNZVI

88.81% 和 93.65%。可以看出温度越高，脱色率越高，这是因为高温能增强粒子的布朗运动，增加污染物与 NZVI 表面的接触，从而提高脱色降解效率。增加同样的温度，BNZVI 的脱色率提高幅度稍大于 ENZVI 和 PNZVI，这可能是由于 ENZVI 和 PNZVI 的效率发挥本来就接近最大，而 BNZVI 由于没有分散剂的保护，脱色率因颗粒聚集或氧化而降低，但由于温度的升高会加快反应的进行，从而减小了 BNZVI 因环境造成的损耗。

5.5   染料降解原理及动力学分析

5.5.1   产物分析

为了更好地分析零价铁降解橙黄Ⅱ的路径和原理，实验降解后的溶液产物采用液相质谱联用进行了分析。图 5-15a 展示的是当 NZVI 投加量为 0.2g/L，橙黄Ⅱ初始浓度为 100mg/L 时，反应 10min 后染料溶液的液质定性分析结果。经分析，其中间产物为磺胺酸和 1-氨基-2-萘酚，与已有的研究报道一致[95]。纳米零价铁对染料的脱色机理主要是通过电子转移，零价铁损耗产生活性氢，由于活性氢的强还原性能破坏染料的显色基团—N =N—，使双键断裂生成无色的中间产物磺胺酸和 1-氨基-2-萘酚，从而达到脱色目的（如图 5-15b 所示）。

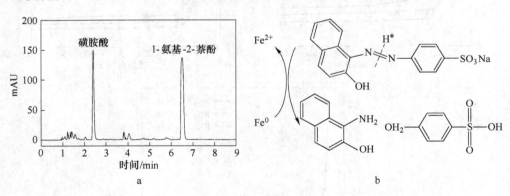

图 5-15   橙黄Ⅱ降解产物分析

a—液质联用产物分析；b—染料显色基团断裂

5.5.2   降解原理

由于分散剂 HEC 或 HPMC 的包覆保护作用，改性后的颗粒 ENZVI 或 PNZVI 可以抑制零价铁在空气中的氧化（见图 5-16）。在干燥空气中，改性纳米零价铁表面吸附的分散剂可以将 Fe^0 内核包覆形成壳结构，减少零价铁与空气的接触，从而抑制颗粒的氧化；而当改性纳米零价铁颗粒进入到液体中时，由于水分的湿润作用，分散剂的亲水化链状结构便会逐步伸展开来，当这些链状结构完全伸展开来后，便能对 NZVI 起到分散作用，有利于染料分子的通过，并增加零价铁内核与染料污染物之间的接触面积。

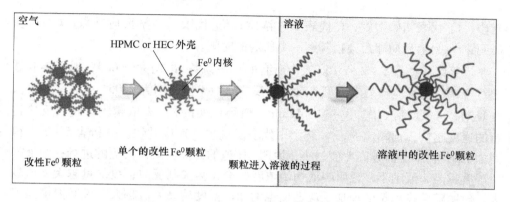

图 5 - 16　分散剂在纳米零价铁表面的吸附

　　改性纳米零价铁可能的脱色降解机理如图 5 - 17 所示。首先，目标污染物橙黄 II 分子可能会被零价铁颗粒表面的分散剂长链吸附；其次，随着零价铁颗粒失电子从零价（Fe^0）被氧化为二价、三价铁（Fe^{2+}、Fe^{3+}），电子在零价铁 - 染料反应体系中的转移使得染料的显色基团（—N≡N—）被破坏从而达到脱色的目的。具体原理为，在脱色

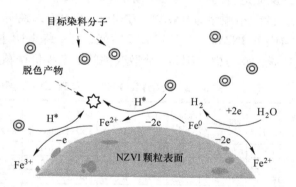

图 5 - 17　零价铁-染料体系脱色降解路径

降解反应体系中，铁与水反应失去电子，这些电子被氢离子利用生成具有很强还原作用的活性氢。大量的活性氢，将电子转移到染料的显色基团上，使氮氮双键（—N≡N—）得到电子并加氢还原而破裂为氨基（—NH_2）。活性氢在这个体系中作为一个桥梁，链接了铁的氧化和双键的破裂两个反应，从而使脱色反应得以顺利进行。

5.5.3　反应动力学分析

　　为更好地研究不同反应条件下改性和未改性的纳米零价铁降解染料的性能，研究采用伪一级反应动力学模型对整个染料脱色降解反应体系进行了分析。伪一级反应动力学方程如式（5 - 2）和式（5 - 3）所示：

$$\ln\left(\frac{C}{C_0}\right) = -k_{\mathrm{obs}} \cdot t \tag{5-2}$$

$$t_{1/2} = \frac{-\ln(0.5)}{k_{\mathrm{obs}}} \tag{5-3}$$

式中，C_0 代表初始浓度；C 代表实时浓度；K_{obs} 代表动力学反应常数；t 为反应时间；$t_{1/2}$ 为半衰期即污染物降解一半所需的时间。

计算结果如表 5 - 2 所示。表中所有的相关系数 R^2 均大于 0.9，说明实验数据符合伪一级反应动力学模型。动力学反应常数 k 值范围为 $0.054 \sim 0.252 \mathrm{min}^{-1}$，半衰期 $t_{1/2}$ 的范围从 $2.748 \sim 12.742 \mathrm{min}$。值得说明的是，$k$ 值越大，代表反应进行的速度越快，而相应的，$t_{1/2}$ 越小则代表反应进行速度越快。分析表 5 - 2 可得到如下结论：pH 值越高 k 值越小，说明 pH 值的升高会阻碍反应的进行；溶液初始浓度越高 k 值越小，说明溶液初始浓度的增大会抑制反应；投加量越大 k 值越大，说明随着投加量的增加反应速度也增加；温度越高 k 值越大，说明温度是促进反应进行的一个重要因素。同时，k 值的大小顺序为 PNZVI > ENZVI > BNZVI，$t_{1/2}$ 的大小顺序为 BNZVI > ENZVI > PNZVI，说明 PNZVI 和 ENZVI 的降解脱色速度均快于 BNZVI，并且 PNZVI 性能最好。综上所述，无论是从三者的反应速率还是从脱色率考虑，HPMC 分散改性的纳米零价铁颗粒均是效果最好的。

表 5 - 2 BNZVI、ENZVI 和 PNZVI 降解染料的伪一级动力学拟合

C_0 /mg·L^{-1}	NZVI 投加量 /g·L^{-1}	初始 pH	温度 /K	k_{obs}/min^{-1}			R^2			$t_{1/2}$/min		
				BNZVI	ENZVI	PNZVI	BNZVI	ENZVI	PNZVI	BNZVI	ENZVI	PNZVI
50[①]	0.2	5.96	293	0.135	0.150	0.162	0.930	0.919	0.927	5.127	4.615	4.281
100[①]	0.2	5.96	293	0.101	0.117	0.141	0.973	0.988	0.991	6.890	5.929	4.926
100[②]	0.2	5.96	293	0.054	0.077	0.086	0.931	0.983	0.975	12.742	8.955	8.041
100[③]	0.2	5.96	293	0.115	0.151	0.176	0.965	0.942	0.944	6.027	4.593	3.934
100[④]	0.2	5.96	293	0.072	0.090	0.107	0.994	0.992	0.988	9.654	7.668	6.484
150[①]	0.2	5.96	293	0.095	0.111	0.138	0.980	0.980	0.985	7.312	6.267	5.034
200[①]	0.2	5.96	293	0.090	0.107	0.129	0.939	0.967	0.979	7.702	6.472	5.369
100[①]	0.3	5.96	293	0.141	0.145	0.158	0.986	0.984	0.984	4.930	4.770	4.390
100[①]	0.5	5.96	293	0.154	0.161	0.177	0.975	0.957	0.923	4.489	4.308	3.925
100[①]	0.7	5.96	293	0.189	0.201	0.252	0.961	0.959	0.926	3.660	3.445	2.748
100[①]	0.2	4.83	293	0.120	0.125	0.156	0.990	0.959	0.984	5.796	5.541	4.455
100[①]	0.2	7	293	0.089	0.100	0.113	0.972	0.990	0.989	7.832	6.931	6.139
100[①]	0.2	8.43	293	0.072	0.086	0.095	0.979	0.995	0.991	9.574	8.023	7.273
100[①]	0.2	9.72	293	0.061	0.075	0.082	0.982	0.985	0.983	11.400	9.230	8.443
100[①]	0.2	5.96	303	0.111	0.127	0.159	0.989	0.954	0.982	6.228	5.462	4.351
100[①]	0.2	5.96	313	0.143	0.147	0.166	0.985	0.977	0.98	4.854	4.712	4.176

①—橙黄Ⅱ；

②—甲基橙；

③—甲基蓝；

④—亚甲基蓝。

参 考 文 献

[1] Wang Y, Fang Z Q, Kang Y, et al. Immobilization and phytotoxicity of chromium in contaminated soil remediated by CMC-stabilized nZVI [J]. Journal of Hazardous Materials, 2014, 275: 230~237.

[2] Cao J, Xu R F, Tang H, et al. Synthesis of monondispersed CMC-stabilized Fe-Cu bimetal nanoparticles for in situ reductive dechlorination of 1, 2, 4-trichlorobenzene [J]. Science of The Total Environment, 2011, 409 (11): 2336~2341.

[3] He F, Zhao D Y, Liu J C, et al. Roberts. Stabilization of Fe-Pd nanoparticles with sodium carboxymethyl cellulose for enhance transport and dechlorination of trichloroethylene in soil and groundwater [J]. Industrial &Engineering Chemistry Research, 2007, 46 (1): 29~34.

[4] Luo S, Qin P F, Shao J H, et al. Synthesis of reactive nanoscale zero valent iron using rectorite supports and its application for orange Ⅱ removal [J]. Chemical Engineering Journal, 2013, 223: 1~7.

6　负载型纳米零价铁及含铁双金属
颗粒降解氯代有机物

6.1　引言

　　氯代有机物（COCs）多数毒性强、难降解，在一定的环境中有生物累积性，对水环境和人类健康造成了直接破坏和潜在威胁。纳米零价铁由于比表面积大，反应活性强，能够通过还原脱氯方式有效地去除水中氯代有机物。纳米金属颗粒还能够被地下水流有效传递，并长期保留在悬浮液中，因而可以灵活地运用于地下水和土壤污染的原位和异位修复。在其他金属的催化作用下，零价铁对氯代有机物还原效率大大提高。但由于纳米单金属或双金属颗粒相互间有磁性引力，并且颗粒在水中易团聚，导致脱氯率的降低，并影响到颗粒的有效回收和重复使用，因此，如何改善颗粒在制备以及使用过程中产生絮凝、团聚以及如何有效对颗粒进行回收利用成为目前国内外零价铁脱氯领域的研究热点。研究发现，通过将纳米颗粒固定于固体支撑物（如活性炭、金属氧化物、沸石、铝土矿等）或将颗粒负载于聚合物膜上，是减轻纳米铁或含铁双金属颗粒团聚现象、提高脱氯率及实现颗粒重复利用的有效途径[1~3]。

6.2　固体支撑物负载纳米铁及含铁双金属颗粒

6.2.1　活性炭负载改性纳米铁及含铁双金属颗粒

　　由于活性炭具有较大的比表面积和较强的吸附能力，可用于负载改性零价铁及含铁双金属颗粒[4]。据文献报道，以多孔材料活性炭负载的纳米铁颗粒具有良好的移动特性，且成本低廉[5]。邹学权等[6]采用微波加热法制备了炭载铜、铁催化剂，并对其进行了一系列表征，考察了两种催化剂对2,4-二氯苯酚(2,4-DCP)微波降解的反应活性。结果表明，元素铜和铁分别以金属及氧化物的形式均匀地附着在活性炭表面。夏启斌等[7]研究了不同金属改性活性炭对三氯甲烷和二氯甲烷吸附性能的影响。采用浸渍法用4种不同的金属离子负载改性活性炭，通过测定吸附透过曲线表明不同金属负载活性炭对三氯甲烷和二氯甲烷的吸附能力依次为：Fe(Ⅲ)-AC＞Mg(Ⅱ)-AC＞Cu(Ⅱ)-AC＞AC＞Ag(Ⅰ)-AC。

6.2.2 蒙脱石负载改性纳米零价铁及含铁双金属颗粒

黏土材料来源丰富、环保、比活性炭便宜，可作为纳米铁颗粒的负载材料。黎淑贞等[8]用天然蒙脱石（Mont）和十六烷基三甲基溴化铵 $[C_{16}H_{33}(CH_3)_3NBr]$ 改性蒙脱石（HMont）作为载体材料，合成蒙脱石负载的纳米铁（Mont-NZVI）和有机蒙脱石负载的纳米铁（HMont-nZVI）。通过透射电镜图（见图 6-1）可以看出，蒙脱石和表面活性剂的加入明显降低了纳米铁的聚集程度和颗粒的大小，纳米铁粒径为 20～100nm。未经负载的纳米铁（NZVI）团聚呈链状。

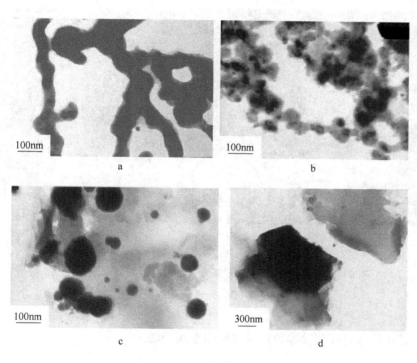

图 6-1　透射电镜图像[8]

a—零价纳米铁颗粒（由硼氢化钠经液相还原法制备）；b—Mont，原料蒙脱石；

c—Mont-NZVI，未改性的蒙脱石负载的纳米铁颗粒；

d—HMont-NZVI，$C_{16}H_{33}(CH_3)_3NBr$ 改性后有机蒙脱石负载的纳米铁颗粒[8]

6.2.3 三氧化二铝负载改性零价铁及含铁双金属颗粒

尚海涛等[9]将一定量的 γ-Al_2O_3 浸渍于 $Fe(NO_3)_3$ 溶液中，置于厌氧箱中，逐滴加入硼氢化钠（$NaBH_4$）至反应完全，经后续处理得 γ-Al_2O_3 负载的 Pd/Fe

双金属颗粒（Pd/Fe-γ-Al$_2$O$_3$）。对颗粒进行 SEM 和 TEM 表征分析可知（见图 6-2）：纳米 Pd/Fe 颗粒呈现粒状聚集成团，并不规则地分散在棉絮状的氧化铝上，而氧化铝颗粒由于粒径较大在 SEM 图中凸现出来。由 TEM 图可知，纳米 Pd/Fe 颗粒粒径较小，均在纳米级范围之内。用此颗粒对 1,1-二氯乙烯（1,1-DCE）进行脱氯处理，4h 后去除率为 99%。Babu N S 等[10]以化学沉淀法制备 Pd-Fe/Al$_2$O$_3$ 颗粒，并用于氯苯的脱氯反应，结果显示：氯苯与颗粒反应，产物中 98% 为苯，有少量环己烷生成。而在同样条件下，Fe/Al$_2$O$_3$ 表现出很低的反应活性。

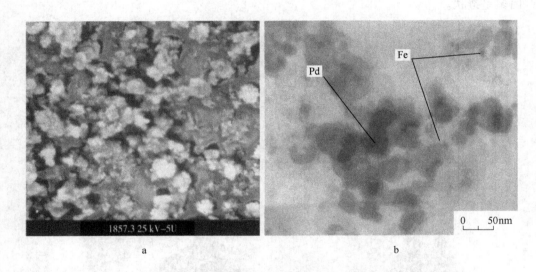

图 6-2   负载型纳米 Pd/Fe 颗粒（0.3% Pd/30% Fe/Al$_2$O$_3$）

a—SEM 图；b—TEM 图[9]

6.2.4   二氧化硅负载改性零价铁及含铁双金属颗粒

Lingaiah 等[11]发现微波辐照法作为一种可提供快速干燥、水分平衡等有效的技术，可以用来配制催化剂。微波辐照法制备 Pd-Fe 双金属颗粒的方法为：将 SiO$_2$ 与 Pd-Fe 以水溶液的形式混合，催化剂 Pd-Fe 须经硝酸盐处理。然后将此溶液水浴浓缩至接近干燥，再在空气中于 120℃ 下干燥 2h。将干燥后的产物在 100%（650W，2.45GHz）功率下微波辐照 5min。将处理好的样品用于对氯苯进行脱氯实验，实验结果表明，经微波辐照后的样品比未经处理的样品具有更高的反应活性。不同方法制备的 Pd-Fe/SiO$_2$ 催化剂的 XRD 图谱见图 6-3 和图 6-4。

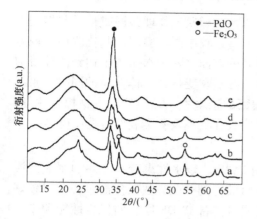

图 6-3 传统方法制备的 Pd-Fe/SiO₂ 催化剂的 XRD 图

a—$w(\mathrm{Fe})=10\%$;b—$w(\mathrm{Fe})=7.5\%$,$w(\mathrm{Pd})=2.5\%$;
c—$w(\mathrm{Fe})=5\%$,$w(\mathrm{Pd})=5\%$;d—$w(\mathrm{Fe})=2.5\%$,
$w(\mathrm{Pd})=7.5\%$;e—$w(\mathrm{Pd})=10\%$

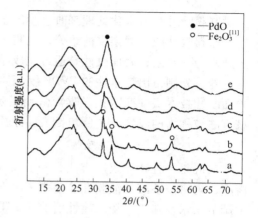

图 6-4 微波辐照法制备 Pd-Fe/SiO₂ 催化剂的 XRD 图

a—$w(\mathrm{Fe})=10\%$;b—$w(\mathrm{Fe})=7.5\%$,$w(\mathrm{Pd})=2.5\%$;
c—$w(\mathrm{Fe})=5\%$ $w(\mathrm{Pd})=5\%$;d—$w(\mathrm{Fe})=2.5\%$,
$w(\mathrm{Pd})=7.5\%$;e—$w(\mathrm{Pd})=10\%$

6.3 聚合物膜负载纳米零价铁复合体系的制备

固体支撑物的致密结构阻碍了纳米颗粒在其内部的负载，难以使反应物扩散到金属颗粒表面，而聚合物膜刚好可以克服这一缺点。聚合物膜和其他固体支撑物相比具有以下优点：

（1）能控制纳米颗粒在膜内部增长；

（2）不需要借助聚合物就能制备纳米铁颗粒，而且还能增加 COCs 在膜内部某一范围内的浓度。因此，将纳米颗粒固定于聚合物膜上已成为必然的研究趋势[12]。

6.3.1 聚偏氟乙烯膜载体的亲水化改性

由于聚偏氟乙烯微孔滤膜具有开放的孔隙结构，不溶于大多数的有机溶剂，在脂肪烃、芳香烃、醛和醇等有机溶剂中很稳定，耐酸、碱、氧化剂，耐紫外线，与其他膜材料相比，具有较好的化学稳定性和抗老化性，较高的热稳定性、韧性和机械强度，因而是负载纳米颗粒的理想载体。但是 PVDF 膜的一个显著特点是疏水性强，PVDF 的强疏水性使膜表面与膜孔壁不容易被水润湿，只有通过亲水化改性手段才能使纳米颗粒成功地负载在膜基体之上。对 PVDF 膜载体的亲水化处理有很多种方法，包括物理改性、化学改性、低温等离子体处理、辐照改性和光化学改性。亲水化改性可概括地分为基体改性和表面改性。基体改性是通过对制膜液进行亲水化处理来改进膜的亲水性，即通过物理共混或化学共聚的方法，原料改性或共混亲水性组分，在膜的成型过程中同时实现亲水化改性，该方法又称为一步法；表面改性是通过在成品膜的表面引入亲水基团来达到改性目的的，即首先制备出疏水性的 PVDF 膜基体，在不改变材料本体性质的同时，再经表面改性技术实现亲水化，改善微孔膜表面的亲水性、黏结性、生物相容性等，该方法被称为两步法，主要包括表面涂覆、表面处理及各类表面接枝反应等。

6.3.1.1　基体共混改性

共混是一种物理改性方法，一般是用 PVDF、亲水性聚合物、溶剂制成共混溶液，再将该溶液的液膜在非溶剂中浸没沉淀得到。此方法操作简单，可以较好地调节亲水及疏水平衡，改性后 PVDF 膜同时具备 PVDF 原有的优良性能和亲水性聚合物的亲水特性，该方法的关键是 PVDF 与亲水性聚合物的相容性，它是影响能否成膜及成膜后结构性质的重要因素。能够与 PVDF 共混的亲水性聚合物有聚甲基丙烯酸甲酯（PMMA）、聚丙烯腈（PAN）、醋酸纤维素（CA）和乙酸乙烯酯（PVAc）等。Nunes 等[13]用 PMMA 共混改性 PVDF 微滤膜，PMMA 浓度为 1% 时，改性膜表面纯水接触角从 80° 减小到 69°，膜的水通量提高了 14 倍，截流率基本不变。Ochoa 等[14]研究发现 PMMA 的加入量对 PVDF 膜亲水性及膜结构的影响，随 PMMA 加入量的增加，PVDF 膜的亲水性随之增加。但 PMMA 的加入会增加制膜过程中大孔穴的形成几率，从而导致膜结构被破坏。Hester 等[15]将 PVDF 与具有 PMMA 主链和聚氧乙烯侧链的亲水性添加剂共混，通过相转化法制膜。结果表明，在凝结浴过程中亲水性物质在膜表面富集，当添加剂（体积分数）为 2% 时，膜表面亲水性物质（体积分数）覆盖率为 45%，远大于膜本体中含量。王湛等[16]研究了 PVDF/CA 体系的相容性，发现当 PVDF : CA = 9 : 1 时体系相容性最好，在此比例下用 15% PVDF 与 CA 混合制备出超滤膜，其纯水接触角明显降低，水通量为 $495L/(m^2 \cdot h)$，比相同条件下未改性的 PVDF 膜通量提高 6125 倍。

另外，除了上述的亲水性聚合物，小分子无机粒子，如 α-Al 粒子、SiO_2 粒子、TiO_2 粒子和 Al_2O_3 粒子等，也经常作为共混材料来实现对 PVDF 膜的亲水化改性，制备出的有机/无机复合膜兼备具有无机材料的亲水性、耐热性和 PVDF 的柔韧性。Mahendran 等[17]向 PVDF、α-Al 粒子和 N-甲基吡咯烷酮（NMP）的均匀混合物中加入水解率为 40% ～ 90% 的 PVA，用相转化法制备出了管状不对称的复合膜，增强了膜的亲水性，使水通量增大到 1 倍以上，并且提高了膜的强度，降低了表面粗糙度。李健生等[18~20]分别将纳米 Al_2O_3、TiO_2 粒子掺入到 PVDF 制膜液中，制备出了 Al_2O_3/PVDF 和 TiO_2/PVDF 复合中空纤维膜，经对膜的结构和性能的表征，结果表明复合膜的孔径和孔隙率都有较大幅度的下降，水通量比未改性的 PVDF 膜分别提高 2.3 倍和 2.6 倍。用此方法制备的复合膜孔径分布窄、分离效率高，膜表面的抗污染性能好，在水处理等领域具有广阔的应用前景。分析原因，是由于表面富含羟基的氧化物粒子被引入复合膜，从而使膜的亲水性得以提高。

6.3.1.2　基体共聚改性

共聚改性是通过化学方法对 PVDF 进行活化处理，使其分子链上产生容易氧化或生成自由基的活性点，再用合适的试剂与经活化后的 PVDF 发生反应，在其分子链上引入羟基、羧基等极性基团或接枝亲水性单体，通过将由该物质的溶液浸没沉淀制得亲水化改性的 PVDF 膜。经过共聚改性的 PVDF 膜亲水性明显提高，且引入的侧链可降低 PVDF 分子链间的次价力，抑制结晶形成，从而影响膜结构[21,22]。Bottino 等[23]用浓度（质量分数）为 5% NaOH 的甲醇溶液对 PVDF 进行脱 HF 处理，再将得到的产物 PVDFM 用 98% 硫酸浸泡来破坏其不饱和键，引入极性亲水性基团得到产物 PVDFMF，经测量 PVDF、PVDFM、PVDFMF 制成的改性超滤膜纯水接触角分别为 72°、68°、57°。Hester 等[24]将聚氧乙烯甲基丙烯酸酯（POEM）接枝到 PVDF 上得到 PVDF-g-POEM，并将其加入 PVDF 溶液中配成制膜液，结果表明在膜表面大量聚集含有亲水性乙烯基氧（EO）的 POEM，当 PVDF-g-POEM 浓度（质量分数）为 5% 时膜表面 PEOM 浓度（质量分数）为 42%，改性膜亲水性明显提高。Ying 等[25]用 O_3 氧化溶解在 NMP 中的 PVDF，然后在 60℃ 油浴中引发丙烯酸（AAc）接枝到氧化后的 PVDF 上，用相转化法制得 AAc-g-PVDF 微滤膜，膜表面富集了亲水性 PAAc 支链，通过控制反应条件可将膜的纯水接触角从 80° 下降到 30°。

6.3.1.3　表面化学改性

通过化学方法在成品膜的表面引入化学键合的亲水性基团来提高膜的表面能，从而改善膜的亲水性，在相转移催化剂（如 KOH/$KMnO_4$、LiOH/异丙醇和 12mol/L NaOH 等）的作用下，脱去膜表面的 HF，形成双键和三键的分子结构，再在酸性还原条件下通过亲核反应可在膜表面形成大量羟基，从而引入一些更大的亲水性基团或侧链，使膜表面形成稳定的亲水层。由于 C—F 形成键能较高，PVDF 膜的表面化学改性较困难。

6.3.1.4　低温等离子体改性

低温等离子体改性方法是在等离子状态下，用非聚合性气体与膜表面作用形成活性自由基的物理和化学过程，该方法操作简单，仅于 $50 \times 10^{-10} \sim 100 \times 10^{-10}$ m 之间的薄层范围内发生物理或化学变化，不影响材料本体性能，不对环境造成污染。低温等离子体改性后的膜表面受到蚀刻，由于粗糙度的增加使水更容易在膜表面铺展，这也是亲水性增加的原因之一。但由于 PVDF 分子链的运动，引入的极性基团会随时间的延长和温度的升高转移到膜本体中，使膜表面的纯水接触角反弹，改性效果不稳定是低温等离子体改性方法的主要缺点。Mariana 等[26]采用

Ar 等离子体对 PVDF 表面进行处理，X 射线光电子能谱（XPS）检测结果表明材料发生了脱 HF 反应，原子力显微镜（AFM）测试材料表面发现粗糙度明显增加，接触角余弦值从 0.32 增加到了 0.82，亲水性得到提高。

6.3.1.5 表面涂覆改性

表面涂覆改性是利用氢键、交联等作用，在膜表面引入一层超薄亲水涂层，该方法是一种相对比较简单的亲水化改性方法，通常涂覆的表面活性剂含有极性显著不同的疏水/亲水基，可在溶液与膜相接的界面上形成选择性吸附，界面上形成致密的亲水层，从而实现亲水化改性。离子表面活性剂含有电荷，可以通过静电作用排斥电性相同的物质在界面上的吸附。改性后的 PVDF 膜既具备 PVDF 的化学稳定性、机械稳定性，又具备亲水性表面，膜结构和膜性能都很理想。双亲性表面活性剂能在与它相接的界面上形成致密的亲水层，不仅能够改善界面的亲水性，而且还可以增大膜通量，减少膜污染。Akthakul 等[27]用自制的 PVDF-g-POEM 涂覆在 PVDF 超滤膜表面，形成非对称膜，经测试亲水性得到提高。为了提高膜表面亲水层的稳定性，还可以将表面亲水涂层进行交联，例如在膜表面涂覆聚甲基乙烯基醚（PVME），然后再对涂层进行交联处理，提高亲水层的稳定性，但是交联处理容易使膜微孔结构受到影响。

6.3.1.6 表面接枝改性

表面接枝改性分为低温等离子体引发表面接枝改性、紫外光引发表面接枝改性和高能辐照引发表面接枝改性。低温等离子体引发表面接枝改性具有亲水化改性效果好和亲水性不随时间而衰减的优点。用等离子体聚合在 PVDF 膜上接枝丙烯酸，改性膜接触角从 95°降低到了 11°。紫外光引发表面接枝改性，采用波长较短的紫外光作激发光源，在 PVDF 膜表面形成大量的活性自由基，从而引发亲水性单体与之接枝聚合，该方法具有参数易测量控制、产物纯净、反应温度低等优点，其缺点是当接枝聚合物链长较长或接枝密度较高时，膜孔会被堵塞，导致膜通量下降。研究发现链转移剂会终止聚合物分子链的生长和自由基的形成，从而控制接枝聚合过程的聚合度，得到较高的接枝密度和较短的链长。高能辐照引发表面接枝改性是利用高能射线辐照，使膜表面的 PVDF 分子链形成活性自由基，引发亲水性单体接枝聚合的改性方法，该法具有常温反应、后处理简单和环境友好等优点。^{60}Coγ-射线能量高（1.17~1.33keV），穿透力强，应用最广。Clochard 等[28]采用电子束作为辐照源照射 PVDF 膜，再与丙烯酸进行接枝反应，得到了亲水性 PVDF 超滤膜。通过考察单体浓度对接枝结果的影响发现水不仅是单体的载体，还起到了增塑剂的作用。Wang 等[29]通过 Ar 等离子体诱导将 PEG 接枝到 PVDF 膜上，结果显示，亲水性的 PEG 不但被接枝到了 PVDF 膜的表面，而且还被进一步接枝到了膜的空隙内部（见图 6-5），在实验过程中，通过控制改性膜中的接枝聚合物的含量来调节膜的水通量等一些特征参数值。

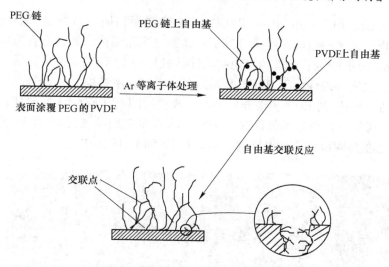

图 6 – 5 氩等离子体诱导 PEG 接枝改性 PVDF 膜示意图

6.3.2 相转化法制备聚合物膜负载纳米铁

Wu 等[30]使用水 – 油微乳化法制备纳米零价铁颗粒，将纳米铁粉和醋酸纤维素的丙酮溶液混合，利用相转化技术制备混合膜，该方法制备的纳米颗粒仍会产生一定程度的团聚。同时，Wu 等[31]研究了醋酸纤维素膜载纳米 Ni/Fe 双金属体系对三氯乙烯（TCE）的还原脱氯，发现反应后的溶液中存在大量铁离子，说明作为膜组成部分的铁颗粒大量溶于溶液中，导致膜不连续。因此该方法制备的膜载纳米双金属体系不能被再生，另外大量铁离子的释放还对溶液造成了二次污染。

Xia 等[32]采用"碱洗脱氟""亲核加成"和"接枝丙烯酸"三步法对 PVDF 膜进行了亲水化改性，制备出 PVDF-g-AA 膜。将 PVDF 膜经过碱洗脱氟和亲核加成这两步表面改性过程后，改性膜表面已经产生了羟基—OH，而具备了亲水性。但是，表面产生的亲水性还不稳定，如果长时间暴露于空气中，经表面改性产生的羟基可于空气中氧气，导致改性膜的亲水性逐渐消失。因此需要使用丙烯酸溶液对改性 PVDF 膜进行接枝处理（酸处理）。经比较未改性 PVDF 膜及负载纳米 Pd/Fe 颗粒 PVDF 改性膜 PVDF-g-AA 可知（见图 6 – 6），经相转化法制备的 PVDF 原膜本身就具有丰富的孔隙结构，而经表面化学改性后得到的 PVDF-g-AA 膜的表面变得更加疏松，孔隙结构变得更加有规律和密集。两种膜均具有丰富而复杂的孔隙结构，但是与 PVDF 原膜相比 PVDF-g-AA 膜横截面中的纤维化更加纤细，并且孔道结构更加细致，这是因为化学改性对 PVDF 分子进行了最大程度的改造。对 Pd-Fe/PVDF-g-AA 的表面进行扫描和 EDS 元素分析，结果表明，改性载体膜负载了纳米 Pd/Fe 双金属颗粒后，少量金属颗粒比较均匀地分散在载体

PVDF-g-AA 的表面上；用 Pd-Fe/PVDF-g-AA 横截面扫描图与表面扫描图相比较后可以发现，大量的金属颗粒是负载于载体膜的孔隙结构中的，而且颗粒直径大约为 50nm，分散的也非常均匀。说明改性接枝后的 PVDF-g-AA 膜在具备了亲水性的时候，也完好地保留了 PVDF 原膜的开放式的孔隙结构。PVDF-g-AA 膜负载的 Pd/Fe 催化还原剂 EDS 能谱分析表明，改性后的 PVDF-g-AA 膜确实已负载上 Pd/Fe 双金属颗粒，而且不仅仅在 PVDF-g-AA 膜的表面检测到 Pd 和 Fe 两种元素的存在，也在其横截面的孔道结构中检测到 Pd 和 Fe 的存在。

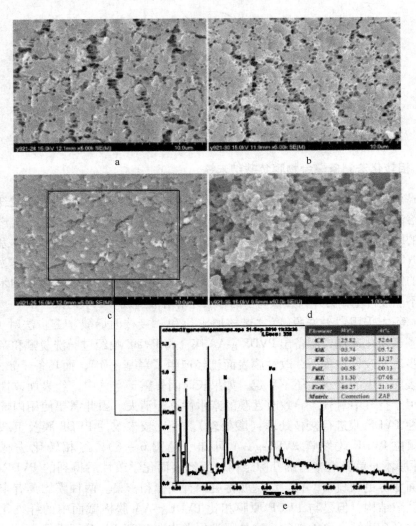

图 6-6　PVDF 膜 SEM 图

a—未改性 PVDF 膜表面；b—改性 PVDF 膜表面；c—负载纳米 Pd/Fe 颗粒的改性 PVDF 膜表面；
d—负载纳米 Pd/Fe 颗粒改性 PVDF 膜横断面；e—Pd-Fe/PVDF-g-AA 膜表面 EDS 元素分析[32]

6.3.3 PVDF 膜亲水化和 PAA 交联螯合改性制备聚合物膜负载纳米铁

Wang 等[33]经过一系列处理对 PVDF 膜进行亲水化改性以确保螯合剂 PAA 能被成功涂覆于膜上。在亲水化混合液中，PVA 是起亲水作用的主要试剂。PVA与戊二醛发生部分交联，不仅能够增加 PVDF 膜的亲水性，而且可以使膜的表面层稳定存在，形成稳定的亲水化膜，同时交联网状聚合物结构还可以改善复合膜的力学性能。戊二醛的作用是与 PVA 形成缩醛结构，使 PVA 能够更加有效地黏附到膜上。虽然由于 PVA 分子中有大量的—OH 存在，容易和水形成氢键，将其附着到膜上之后，便可以实现膜的亲水化改性，但 PVA 是强亲水性物质，其在水中的过度溶胀，将会导致复合膜上各部位的受力不均，从而使膜的机械强度降低。为了控制其在水中的溶胀度，采用化学交联的方法，使戊二醛与 PVA 形成缩醛，在 PVDF 膜表面形成一层网络状、不溶于水的聚乙烯醇缩醛结构。PVA 在酸催化作用下与戊二醛发生的缩醛反应见图 6-7。

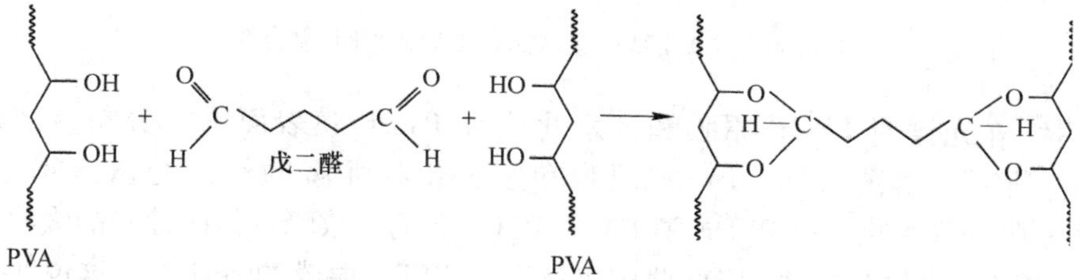

图 6-7 PVA 与戊二醛的缩醛反应

由于氢键的作用增加了亲水化混合液的极性，有助于 PVA 在 PVDF 膜表面的作用和成膜。戊二醛既属于亲水性物质，又对 $[—CF_2—CH_2—]_n$ 有较强的吸附能力，因此可以作为亲水化的中间连接体。在对 PVDF 膜进行吸附后，接下来发生的是戊二醛和 PVA 的缩醛反应，生成较稳定的缩醛亲水化物质。另外，将甲醇和乙酸的稀混合溶液加入 PVA 溶液中可促进反应的进行。表面涂覆的原理就是选择亲水性较好的物质吸附到成膜表面起到亲水的作用。但是，表面改性方法的缺点是形成的亲水化涂层容易形成连续的膜结构，堵塞原膜孔隙，所以在亲水化混合液中应引入制孔剂聚乙二醇。

在脱氯反应过程中释放的铁离子对环境造成二次污染是不可避免的，而流失的铁离子则是膜重复使用所需要考虑的主要问题。因此，研究者们设法将纳米颗粒固定于经螯合剂改良后的膜上，以捕获金属阳离子。为使纳米 Pd/Fe 颗粒均匀负载于亲水化改性 PVDF 膜上，还需对 PVDF 膜载体进行聚丙烯酸（PAA）交联处理，所使用的交联制膜液由 PAA、乙二醇（EG）和 $FeSO_4$ 组成。PAA 的交联是通过 EG 和 PAA 在 115℃加热的条件下实现的。在这个过程中，PAA 的羧基

（—COOH）和 EG 的羟基（—OH）形成脂键，将 PAA 直链分子连接为空间网格结构，从而形成了 PAA 的交联网状结构。PAA 的—COOH 除了和—OH 成键外，还有部分未进行交联作用的—COOH 螯合 Fe^{2+}。为使 PAA 的—COOH 一半与 EG 的—OH 发生缩合成键反应，另一半与 Fe^{2+} 发生螯合反应（见图 6-8），通过理论计算，PAA 的—COOH、EG 和 $FeSO_4$ 的 Fe^{2+} 摩尔比应为 4:1:1。

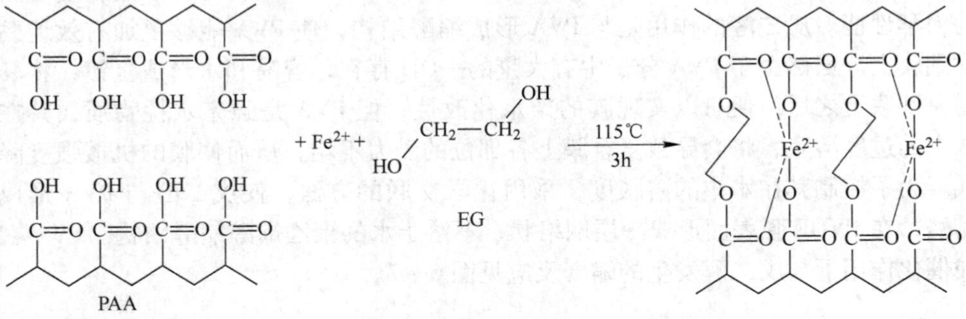

图 6-8 PAA 与 EG 交联制备 PAA/PVDF 复合膜

用红外光谱对 PVDF 原膜和亲水化改性 PVDF 膜表面进行分析，结果如图 6-8 所示。由图可知，PVDF 原膜和亲水化改性膜的红外光谱差别很大。PVDF 原膜和亲水化改性 PVDF 膜中均存在 C—F 的吸收峰，但改性膜的吸收峰面积小于 PVDF 原膜，改性 PVDF 膜中仍然存在 PVDF 原膜的特征峰，这说明改性后的膜保持了原来的分子结构，改性膜的红外光谱显示 C—F 特征吸收峰减弱，由于改性膜并非均一物质，且在两者之间存在一个界面，该界面是因聚合物链段中官能团之间的相互作用（如氢键、分子间力等）而产生的。同时，界面的存在改变了膜对红外光的折射系数。

图 6-9 中在 $3025cm^{-1}$ 和 $1200cm^{-1}$ 出现的吸收峰是 C—F 伸缩峰和 C—F 伸缩振动峰，在改性膜上出现的这两个 C—F 特征峰比原膜上的特征峰要弱，表明改性膜表面由于亲水化层的存在使表面 F 元素的含量减少，即可证明亲水化层被成功地引入 PVDF 膜的表面。

亲水化改性的 PVDF 膜在波数 $3200 \sim 3400cm^{-1}$ 强宽吸收带是缔合态—OH，说明亲水化物质 PVA

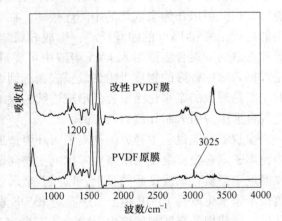

图 6-9 PVDF 膜载体和亲水化交联的改性 PVDF 膜的红外光谱图

的涂覆有利于在 PVDF 膜上引入较多的分子间和分子内缔合—OH。在 PVDF 原膜的红外光谱图中，3200 ~ 3400cm^{-1} 范围内无峰出现，说明 PVDF 原膜表面不存在—OH。PVA 未成键的羟基的伸缩振动吸收峰应出现在 3600cm^{-1} 左右，而在亲水化改性 PVDF 膜中，由于邻近基团的耦合作用，使 C—O 键的伸缩振动和 O—H 键的变角振动方式发生改变，同时由于氢键的作用，使羟基的伸缩振动吸收峰向波长增加、波数降低的方向扩展，在 3200 ~ 3400cm^{-1} 的范围内出现由于氢键作用而发生分子间缔合的羟基的吸收峰，同时氢键的存在减弱了 O—H 键，氢键越强，O—H 键吸收峰的迁移越大。

取亲水化改性后的 PVDF 膜放在由 EG、FeSO$_4$ · 7H$_2$O 溶液和 PAA 溶液组成的混合溶液中，浸泡 15min，取出膜后，将膜放到自制玻璃管上方，放入真空干燥箱中于 115℃在抽真空条件下烘干 3h，得到经 PAA 交联处理的含有 Fe^{2+} 的 PVDF 膜。PAA 交联的过程对于膜载钯/铁双金属颗粒来说必不可少。经过亲水化改性的 PVDF 膜比较容易与 PAA 交联制膜液结合，且会使 PAA 的附着均匀牢固。将载有 Fe^{2+} 的 PVDF 膜浸入到 0.4mol/L 的 KBH$_4$ 溶液中 10min（由于 KBH$_4$ 不稳定，不能制成储备液，KBH$_4$ 溶液是即用即配的），此时可以观察到膜表面的颜色由白色迅速变为黑色，该现象表明在膜上—COOH 所螯合的 Fe^{2+} 被还原生成了纳米铁颗粒（见式（6-1））。待将纳米铁颗粒分散沉积在 PAA/PVDF 复合膜载体上后，取出膜载体用无水乙醇清洗三次。上述操作是在没有 N$_2$ 保护下进行的，另外由于纳米铁颗粒均匀分布在膜表面具有很高的比表面积，易被氧化，所以未使用去离子水冲洗膜载体。

$$Fe^{2+} + 2BH_4^- + 6H_2O \longrightarrow Fe^0 \downarrow + 2B(OH)_3 + 7H_2 \uparrow \tag{6-1}$$

将负载纳米铁颗粒的复合膜放入一定浓度的 [Pd（C$_2$H$_3$O）$_2$]$_3$ 乙醇溶液中钯化 10min，Pd^{2+} 在单质铁的还原下沉积在纳米铁颗粒表面（见反应方程式（6-2）），则可制备出负载纳米钯/铁双金属颗粒的复合膜。用无水乙醇将复合膜的表面清洗三次后，将复合膜放入无水乙醇中备用。

$$Pd^{2+} + Fe^0 \longrightarrow Pd^0 + Fe^{2+} \tag{6-2}$$

PVDF 微孔滤膜扫描电镜图如图 6-10 所示，从负载纳米钯/铁双金属颗粒复合膜（见图 6-10c 和 d）与 PVDF 膜载体（图 6-10a 和 b）表面形貌的比较可以看出，亲水化交联膜保持了 PVDF 膜载体的多孔结构，表面的孔隙数略小于 PVDF 膜载体，所负载的纳米钯/铁双金属颗粒比未亲水化改性复合膜多，且颗粒未见明显的团聚。分析原因可能是因为亲水化交联复合膜经过亲水化处理，PVA 在 PVDF 膜载体骨架之间形成薄膜，使得交联制膜液易于与改性后的 PVDF 膜载体结合，交联制膜液均匀附着在 PVDF 膜骨架上，对膜的表面形貌影响较小。同时被 PAA 螯合的 Fe^{2+} 亦均匀分散在 PVDF 膜载体表面上，经 KBH$_4$ 还原在膜载体上制备纳米铁颗粒后，膜表面孔隙结构能够基本保留，同时所负载上的颗粒比未亲水化改性复合膜上颗粒更为均匀。未亲水化复合膜只是经过交联制膜液处理，由于未经过亲水化处理，PVDF 膜载体与交联制膜液之间的结合不均匀，导致复合膜表面部分孔隙被覆盖（见图 6-10e）。

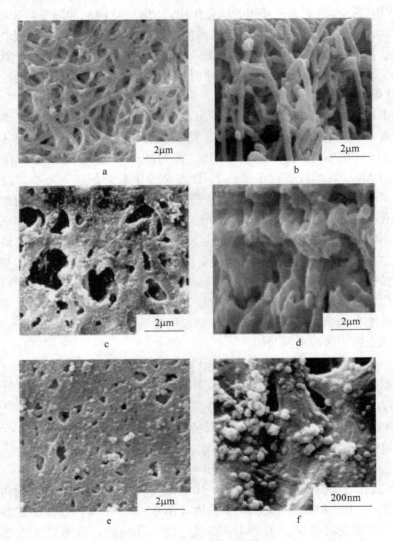

图 6-10　PVDF 微孔滤膜 SEM 图

a—未经改性的 PVDF 微孔滤膜表面形态图；b—未经改性的 PVDF 微孔滤膜横断面形态图；

c—改性后的纳米 Pd/Fe 颗粒表面形态图；d—改性后的纳米 Pd/Fe 颗粒横断面形态图；

e—未经亲水化改性的 PVDF 微孔滤膜负载纳米 Pd/Fe 颗粒表面形态图；

f—经亲水化改性的 PVDF 膜负载纳米 Pd/Fe 颗粒扫描电镜图[16]

为了进一步考察亲水化处理和 PAA 交联处理工艺对负载纳米钯/铁双金属颗

粒的复合膜内部孔隙结构的影响,对复合膜的截断面进行了观察,由图 6－10c 中所示的表征结果可知,亲水化处理和交联处理不仅影响纳米钯/铁双金属颗粒在膜表面的分布,同时对纳米钯/铁双金属颗粒在膜孔隙内部的分布也同样产生了重大的影响。图 6－10b 显示 PVDF 膜载体截断面结构具有柱状与粒状形貌(虽然容易与膜上纳米钯/铁双金属颗粒相混合,但是不影响对膜载体截断面形貌变化的观察和颗粒负载效果的判断)。亲水化交联复合膜截断面结构比较均匀,膜的骨架比 PVDF 膜载体的骨架粗,可见纳米钯/铁双金属颗粒均匀分布在膜的骨架上(见图 6－10d)。为了考察亲水化和交联处理对膜上纳米钯/铁双金属颗粒的分布状态的影响,用扫描电镜在放大 10 万倍的情况下对复合膜上纳米钯/铁双金属颗粒进行了观察,由图 6－10f 可知亲水化交联复合膜上纳米钯/铁双金属颗粒分散状态良好,未见明显的团聚,颗粒的粒径在 50～80nm 之间。总之,是否进行亲水化处理,对膜上纳米钯/铁双金属颗粒的团聚状态没有影响,而是否进行交联处理是影响复合膜上颗粒团聚状态的关键因素。

制备好的 Pd/Fe 纳米颗粒将被负载于经亲水化改性后的 PVDF 微孔滤膜上,以催化降解三氯乙酸(TCAA)。对比未经改性的 PVDF 膜负载 Pd/Fe 纳米颗粒与经亲水化改性的 PAA/PVDF 膜的扫描电镜图发现:由于螯合剂 PAA 的存在,Fe^{2+} 被 PAA 捕获,从而膜上絮凝状的 Fe 纳米颗粒的数量得到了控制,有效解决了纳米颗粒易团聚的现象。在 TCAA 脱氯研究实验中,在钯化率为 0.083%、投入颗粒量为 0.997g/L、TCAA 初始浓度为 5mg/L 下将转速设置为 70r/min,反应进行 30min 后,TCAA 完全被降解。

6.4 聚合物膜负载纳米零价铁及含铁双金属复合体系脱氯性能

Wu 等[30]纳米铁颗粒和醋酸纤维素的丙酮溶液混合利用相转化技术制备混合膜,用于去除水中三氯乙烯,实验结果表明当纳米铁粉投加量为 21.6mg/40mL 溶液、三氯乙烯初始浓度为 80mg/L 时,该方法制备的纳米颗粒对目标污染物去除的反应速率常数(0.015L/(h·g))是 150μm 电解铁颗粒的 170～270 倍(0.000088L/(h·g))。Wu 等[31]制备的纤维素膜负载纳米镍/铁双金属颗粒体系对三氯乙烯(TCE)进行还原脱氯,经测定发现反应后的溶液中存在大量的铁离子,说明作为膜组成部分的铁颗粒大量溶于溶液中,导致膜的不连续性,因此该方法制备的膜载纳米镍/铁双金属体系不能被再生,另外释放的大量铁离子对溶液会造成二次污染。

Xu 等[12]通过浸涂法使聚丙烯酸(PAA)附着于聚偏氟乙烯(PVDF)膜表面,将纳米镍/铁、钯/铁双金属颗粒分别负载在 PAA/PVDF 膜表面,利用该膜载纳米镍/铁双金属颗粒或钯/铁颗粒对 2, 2-二氯联苯 (DiCB) 和三氯乙烯进行还原脱氯研究, 当膜载纳米钯/铁颗粒投加量为 22mg (钯化率 (质量分数) = 1%), DiCB 的初始浓度为 8.1mg/L、在反应时间为 60min 时 DiCB 被 100% 降解, 主要产物是联苯, 有少量 2-氯联苯中间产物产生; 当膜载纳米镍/铁双金属颗粒投加量为 8mg (镍化率 (质量分数) = 25%)、三氯乙烯的初始浓度为 20mL、反应时间为 2 h 时 100% 三氯乙烯被降解, 降解产物是乙烷和 Cl^-, 体系中末检测到没有三氯乙烯脱氯的氯代中间产物, 说明三氯乙烯被纳米镍/铁双金属颗粒的降解途径是直接生成乙烷。在降解三氯乙烯的重复使用实验中, 检测到溶液中的铁含量远低于按化学反应式计算还原三氯乙烯反应后生成的铁离子量, 该结果充分证明膜上 PAA 能够螯合 Fe^{2+}。

Wang[33] 等在相同的反应条件下, 分别向 13mL 初始浓度为 5mg/L 的三氯乙酸溶液中加入负载纳米钯/铁双金属颗粒 PVDF 复合膜、负载纳米铁颗粒 PVDF 复合膜和非固定化纳米钯/铁双金属颗粒, 将反应瓶置于振荡器上恒速振荡以考察三种不同含铁还原体系对三氯乙酸的脱氯效果。负载纳米钯/铁双金属颗粒的复合膜对目标污染物的脱氯反应体系中纳米铁颗粒含量为 5.08mg/13mL, 膜载纳米钯/铁双金属颗粒的钯化率 (质量分数) 为 0.534%; 负载纳米铁颗粒的复合膜上纳米铁含量也为 5.08mg/13mL。非固定化纳米钯/铁双金属颗粒投加量为 10g/L, 钯化率 (质量分数) 为 0.083%, 结果如图 6 - 11 所示。由图可知, 相同铁投加量的负载纳米钯/铁双金属颗粒的复合膜和负载纳米铁颗粒的复合膜在相同反应条件下还原等量的三氯乙酸, 在反应速率和脱氯效果上差异显著。负载纳米钯/铁双金属颗粒的复合膜在反应最初的 1.5min 内去除近 50% 的三氯乙酸, 而负载纳米铁颗粒复合膜在反应进行 120min 后才达到这样的效果。两种体系在 180min 后三氯乙酸去除率分别为 98% 和 72%, 比较可知, 钯的加入起到了催化剂的作用, 提高了脱氯反应的速率。采用假一级反应动力学对三氯乙酸的还原脱氯进行拟合, 并用颗粒投加量对表观反应速率常数进行修正, 比较非固定化的和膜负载的纳米钯/铁双金属颗粒对三氯乙酸的催化还原脱氯效果, 由反应动力学拟合可以得到负载纳米钯/铁双金属颗粒复合膜的催化还原脱氯修正表观反应速率常数 k_{obs} 为 1.380L/(min·g) ($R^2 = 0.960$), 是非固定化纳米钯/铁双金属颗粒催化还原脱氯修正表观反应速率常数的 ($k_{obs} = 0.3233$L/(min·g)) 4.3 倍, 是使用普通零价铁粉进行还原脱氯反应得到的修正表观反应速率常数 ($k_{obs} = 0.00396$L/(min·g)) 的 348 倍。

通过反应过程中中间产物及终产物的生成情况探讨复合膜对三氯乙酸催化还原脱氯路径。由图 6 - 12 可知, 脱氯反应进行 120min 时, 三氯乙酸的去除率达到 97.22%, 三氯乙酸脱氯的过程伴随着二氯乙酸的迅速生成。可以证实三氯乙酸被复合膜上纳米钯/铁双金属颗粒催化还原脱氯路径除了遵循逐级脱氯过程外,

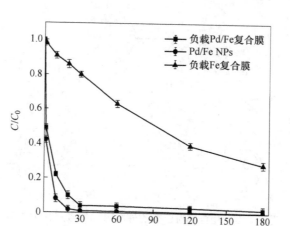

图 6-11 不同含铁还原体系对三氯乙酸脱氯效果比较

还伴随有其他的反应路径。三氯乙酸脱氯反应进行后体系中可立即检测到乙酸的生成，则充分说明三氯乙酸可直接被催化还原脱氯为乙酸，伴随着二氯乙酸的减少，是一氯乙酸和乙酸的迅速生成，同样可以推断二氯乙酸可以被纳米钯/铁双金属颗粒直接催化还原脱氯为乙酸。图中控制瓶中的目标污染物三氯乙酸浓度在整个的反应过程中没有减少，因而可以推断三氯乙酸的去除是由于复合膜上的纳米钯/铁双金属颗粒的催化还原脱氯作用的结果。三氯乙酸被负载纳米钯/铁双金属颗粒的复合膜催化还原脱氯所经历的所有可能的路径和产物生成情况见图 6-13。

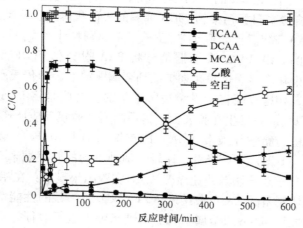

图 6-12 复合膜对三氯乙酸的催化还原脱氯反应
（三氯乙酸初始浓度 =5mg/L，膜载颗粒投加量 =0.391g/L，钯化率（质量分数）=0.534%）

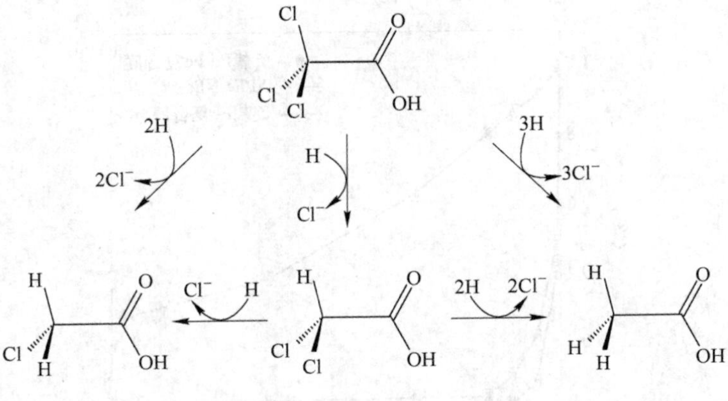

图 6-13 复合膜对三氯乙酸脱氯的反应路径示意图

Xu[34] 通过热处理工艺将丙烯酸单体（AA）原位聚合在 PVDF 膜表面制备出 PAA/PVDF 膜，然后在膜上负载纳米钯/铁双金属颗粒。分三个步骤制备微孔滤膜负载的 Pd/Fe 纳米颗粒：

（1）使丙烯酸聚合于微孔滤膜内部；

（2）采用离子交换法交换 Fe^{2+} 使其结合到 PVDF 膜的表面；

（3）化学还原法还原与羧酸结合的 Fe^{2+}。

经 TEM 表征可以看出，Pd/Fe 纳米颗粒呈球形均匀分布在 PAA 相面上，且颗粒平均粒径为 30nm，比表面积约为 25m²/g。使用该复合膜体系对目标污染物 DiCB 进行催化还原脱氯，结果表明，膜负载纳米钯/铁投加量为 0.8g/L（钯化率（质量分数）= 2.3%）、DiCB 的初始浓度为 16mg/L、反应温度为 25℃、反应时间为 2h 时，体系内 >90% 的 DiCB 被降解，主要产物是联苯，也生成了少量的 2-氯联苯。该复合膜对目标污染物 DiCB 降解的表面积修正反应动力学常数 k_{SA} 是浸涂法制备的 PAA/PVDF 膜负载纳米钯/铁双金属颗粒体系 k_{SA} 的 1/9，分析原因是因为原位聚合的 PAA/PVDF 复合膜能够将 PAA 附着在 PVDF 膜孔径中，在反应过程中目标污染物需要通过膜孔来扩散到金属颗粒上，即传质受到阻碍，导致反应速率的降低，相比较而言，浸涂法所制备的复合膜是将 PAA 简单地负载在 PVDF 表面，所以反应只发生在膜表面，传质阻碍对脱氯反应所产生的影响较低。

Wu 等[35] 制备的醋酸纤维素（CA）膜支撑的纳米 Ni/Fe 双金属颗粒，并对水中的三氯乙烯（TCE）进行降解。比较了两种不同的膜载纳米 Ni/Fe 双金属颗粒的制备方法（化学还原法与快速涂覆法）。实验结果显示：在相同的 Ni 含量条件下，快速涂覆法制备的 CA 负载纳米 Ni/Fe 双金属颗粒的性能优于化学还原法制备的 CA 膜载纳米 Ni/Fe 双金属颗粒。对纳米颗粒进行表征，结果显示纳米零价铁颗粒与快速涂覆法制备的 CA 膜负载 Ni/Fe 纳米双金属颗粒均呈近似球形状分布，且粒径在 7~11nm 之间。化学还原法制备的颗粒，粒径在 11~24nm 之间。对 TCE 脱氯研究表明：当反应液中存在 CA 膜负载的金属颗粒时，反应分两个阶段进行，第一阶段为 CA 膜的物理吸附与金属颗粒对 TCE 的还原降解共同作用的阶段，第二阶段为金属颗粒单独对 TCE 的化学还原降解阶段。

6.5 影响负载型零价铁及含铁双金属脱氯效率因素

在纳米零价铁及含铁双金属颗粒脱氯研究过程中，很多因素对脱氯效率产生一定的影响，如：负载物的性质、贵金属占含铁双金属颗粒的比率、pH 值、颗粒投加量以及目标污染物起始浓度等。

在研究纳米颗粒负载改性的过程中我们发现，大部分固体支撑物如：活性炭、二氧化硅、金属氧化物等都具有致密的结构，纳米颗粒很难分散到其内部，从而影响负载效果，也影响脱氯效率。虽然聚合物膜作为一种颗粒负载材料能达到很好的负载效果。但聚合物膜所具有的疏水性质阻碍了膜作为支撑物运用到氯代有机物的降解反应中。因此，改善膜的亲水性是使膜能得以运用的基础。

贵金属在含铁双金属颗粒体系中主要起催化作用，它会吸附反应液中的 H_2 到颗粒表面，从而最大程度提高脱氯效率。Wang 等[30, 36]研究了钯化率对催化降解一氯乙酸的影响，当钯化率（质量分数）超过最佳量 0.511% 后，吸附在颗粒表面 H_2 的量逐渐增加，阻碍了目标污染物与颗粒间的接触。反应液的初始 pH 值影响着反应过程中 H_2 产生的速度。Wang 等[37]研究了纳米 Pd/Fe 双金属颗粒对氯代甲烷催化还原的最佳 pH 值，发现在 pH 值为 7 的中性条件下，脱氯率最大，降解效果最好。这主要归因于反应过程中氢的参加，当 pH 值为 7 时纳米颗粒吸附了更多的氢气分解为氢质子参与对氯代甲烷的脱氯。当 pH 值小于 7 时，由于铁的腐蚀而产生大量的氢气阻止颗粒与目标污染物的接触[38~40]。同时，在强酸反应环境下，容易引起纳米铁或钯颗粒的流失，导致反应活性位的减少，不利于脱氯反应的进行。除此之外，强酸性环境中存在过多的 H^+，往往会优先发生析氢反应，也会影响氯代甲烷的脱氯反应。而 pH 值的增加将导致铁氢氧化物的生成，沉积在颗粒表面，阻止了铁的进一步腐蚀[40]，影响脱氯效率。颗粒投加量与目标污染物初始浓度对整个脱氯反应过程都有一定的影响。增加颗粒投加量可以很明显的提高脱氯反应的速率，但过多颗粒的投加会对后续处理造成一定的困难。而对于目标污染物的初始浓度，据文献［39］中研究可知，四氯化碳的初始浓度对四氯化碳的脱氯速率有较大的影响。在 20~150mg/L 浓度范围内，脱氯率随初始浓度的增大而减小。

通过改性手段防止纳米颗粒在制备以及脱氯反应过程中出现的絮凝、团聚以及如何回收重复利用，是目前国内外零价铁脱氯技术的主要研究趋势。就固体支撑物对纳米颗粒的改性方面而言，固体支撑物由于其自身具有致密的结构，很难使纳米颗粒很好的负载到其表面或者内部。国内外对于固体支撑物等负载改性零价铁及含铁双金属颗粒的研究较少。而对于聚合物膜来说，由于其本身具有疏水性，必须改变其疏水的性质才能加以运用。因此，如何将颗粒负载于固体支撑物上，以及如何改善聚合物膜的亲水性是今后的研究重点。

参 考 文 献

［1］Liu Z L，Ling X Y，Su X D，et al. Carbon-supported Pt and PtRu nanoparticles as catalysts for a direct methanol fuel cell ［J］. Journal of Physical Chemistry B，2004，108（24）：8234～8240.

［2］Mallick K，Scurrell M S. CO oxidation over gold nanoparticles supported on TiO_2 and TiO_2-ZnO：catalytic activity effects due to surface modification of TiO_2 with ZnO ［J］. Applied Catalysis A-General，2003，253（2）：527～536.

［3］Sun C L，Peltre M J，Briend M，et al. Catalysts for aromatics hydrogenation in presence of sulfur：reactivities of nanoparticles of ruthenium metal and sulfide dispersed in acidic Y zeolites ［J］. Applied catalysis A-Gengral，2003，245（2）：245～256.

［4］Liu X T，Quan X，Bo L L，et al. Simultaneous pentachlorophenol decomposition and granular activated carbon regeneration assisted by microwave irradiation ［J］. Carbon，2004，42（2）：415～422.

［5］Zhu H J，Jia Y F，Wu X，et al. Removal of arsenite from drinking water by activated carbon supported nano zero-valent iron ［J］. Environmental science，2009，30（6）：1644～1648.

［6］邹学权，徐新华，史惠祥，等. 2，4-二氯苯酚在炭载铜和铁催化剂上的微波降解 ［J］. 浙江大学学报（工学版），2010，44（3）：607～611.

［7］夏启斌，黄思思，肖利民，等. 金属离子改性活性炭对二氯甲烷/三氯甲烷吸附性能的影响 ［J］. 功能材料，2009，40（11）：1911～1914.

［8］黎淑贞，吴平霄. 有机蒙脱石负载纳米铁的制备与应用 ［J］. 矿物学报，2010，（S1）：139～140.

［9］尚海涛，李智灵，杨琦，等. 负载型纳米 Pd/Fe 对挥发性氯代烃的去除 ［J］. 现代地质，2008，22（2）：314～320.

［10］Babu N S，Lingaiah N，Kumar J V，et al. Studies on alumina supported Pd-Fe bimetallic catalysts prepared by deposition-precipitation method for hydrodechlorination of chlorobenzene ［J］. Applied Catalysis A：General，2009，367（1～2）：70～76.

［11］Lingaiah N，Prasad P S S，Rao P K，et al. Structure and activity of microwave irradiated silica supported Pd-Fe bimetallic catalysts in the hydrodechlorination of chlorobenzene ［J］. Catalysis Communication，2002，3（9）：391～397.

［12］Xu J，Bhattacharyya D. Membrane-based bimetallic nanoparticles for environmental remediation：synthesis and reactive properties ［J］. Environmental Progress & Sustainable Energy，2005，24（4）：358～366.

［13］ Nunes S P, Peinemann K V. Ultrafiltration membranes from PVDF/PMMA blends ［J］. Journal of Membrane Science, 1992, 73: 25～35.

［14］ Ochoa N A, Masuelli M, Marchese J. Effect of hydrophilicity on fouling of an emulsified oil wastewater with PVDF/PMMA membranes ［J］. Jouranl of Membrane Science, 2003, 226: 203～211.

［15］ Hester J F, Banerjee P, Mayes A M. Preparation of protein-resistant surfaces on poly (vinylidene fluoride) membranes via surface segregation ［J］. Macromolecules, 1999, 32: 1643～1650.

［16］ 王湛, 吕亚文, 王淑梅, 等. PVDF/CA 共混超滤膜制备及其特性的研究 ［J］. 膜科学与技术, 2002, 22 (6): 4～8.

［17］ Mahendran M, Mailvaganam M, Goodboy K P. Method of making a dope comprising hydrophilized PVDF and α-alumina membrane made Therefrom, US Pat ［P］. 6024872. 2000－02－15.

［18］ 李健生, 梁祎, 王慧雅, 等. TiO₂/PVDF 复合中空纤维膜的制备和表征 ［J］. 高分子学报, 2004, 5: 709～712.

［19］ 李健生, 王连军, 梁祎, 等. 纳米氧化物粒子对 PVDF 中空纤维膜结构与性能的影响 ［J］. 环境科学, 2005, 26 (3): 126～129.

［20］ 梁祎, 李健生, 孙秀云, 等. 纳米 γ-Al₂O₃/PVDF 中空纤维膜的研究 ［J］. 水处理技术, 2004, 30 (4): 199～201.

［21］ 包艳辉, 朱宝库, 陈炜. 聚偏氟乙烯微孔膜的亲水化改性及功能化研究进展 ［J］. 功能高分子学, 2003, 16 (2): 269～271.

［22］ 苗小郁, 李建生, 王连军, 等. 聚偏氟乙烯膜的亲水化改性研究进展 ［J］. 材料导报, 2006, 20 (3): 56～59.

［23］ Bottino A, Capannelli G, Monticelli O, et al. Poly (vinylidene fluoride) with improved functionalization for membrane Production ［J］. Journal of Membrane Science, 2000, 166: 23～29.

［24］ Hester J F, Banerjee P, Won Y Y, et al. ATRP of amphiphilic graft copolymers based on PVDF and their use as membrane additives ［J］. Macromolecules, 2002, 35: 7652～7661.

［25］ Ying L, Wang P, Kang E T, et al. Synthesis and characterization of poly (acrylic acid) -graft-poly (vinylidene fluoride) copolymers and pH-sensitive membranes ［J］. Macromolecules, 2002, 35: 673～679.

［26］ Mariana D D, Carminao L P, Tatiana T P. Surface modification of polyvinylidene fluoride (PVDF) under Rf Ar plasma ［J］. Polymer Degradation and Stability, 1998, 61: 65～72.

［27］ Akthakul A, Salinaro R F, Mayes A M. Antifouling polymer membranes with subnanometer size selectivity ［J］. Macromolecules, 2004, 37: 7663～7668.

［28］ Clochard M C, Bègue J, Lafon A, et al. Tailoring bulk and surface grafting of poly (acrylic acid) in electron-irradiated PVDF ［J］. Polymer, 2004, 45: 8683～8694.

［29］ Wang P, Tan K L, Kang E T, et al. Plasma-induced immobilization of poly (ethylene glycol) onto poly (vinylidene fluoride) microporous membrane ［J］. Journal of Membrane Science, 2002, 195: 103～114.

［30］Wu L, Shamsuzzoha M, Ritchie S M C. Preparation of cellulose acetate supported zero-valent iron nanoparticles for the dechlorination of trichloroethylene in water ［J］. Journal of Nanoparticle Research, 2005, 7 (4): 469~476.

［31］Wu L F, Ritchie S M C. Removal of trichloroethylene from water by cellulose acetate Supported bimetallic Ni/Fe nanoparticles ［J］. Chemosphere, 2006, 63 (2): 285~292.

［32］Xia Z, Liu H L, Ren N Q. Preparation and dechlorination of a poly (vinylidene difluoride) -grafted acrylicacid film immobilized with Pd/Fe bimetallic nanoparticles for monochloroaceticacid ［J］. Chemical Engineering Journal, 2012, 200~202: 214~223.

［33］Wang X Y, Chen C, Liu H L, et al. Preparation and characterization of PAA/PVDF membrane-immobilized Pd/Fe nanoparticles for dechlorination of trichloroacetic acid ［J］. Water Research, 2008, 42 (18): 4656~4664.

［34］Xu J, Bhattacharyya D. Fe/Pd nanoparticle immobilization in microfiltration membrane pores: Synthesis, characterization, and application in the dechlorination of polychlorinated biphenyls ［J］. Industrial and Engineering Chemistry Research, 2007, 46 (8): 2348~2359.

［35］Wu L F, Ritchie S M C. Removal of trichloroethylene from water by cellulose acetate supported bimetallic Ni/Fe nanoparticles ［J］. Chemosphere, 2006, 63 (2): 285~292.

［36］Xu J, Wang Y J, Hu Y, et al. Candida rugosa lipase immobilized by a specially designed microstructure in the PVA/PTFE composite membrane ［J］. Journal of Membrane science, 2006, 281 (1~2): 410~416.

［37］Wang X Y, Chen C, Chang Y, et al. Dechlorination of chlorinated methanes by Pd/Fe bimetallic nanoparticles ［J］. Journal of Hazardous Materials, 2009, 161 (2~3): 815~823.

［38］Feng J, Lim T T. Iron-mediated reduction rates and pathways of halogenated methanes with nanoscale Pd/Fe: Analysis of linear free energy relationship ［J］. Chemosphere, 2007, 66 (9): 1765~1774.

［39］吴德礼, 马鲁铭, 周荣丰. 水溶液中氯代烷烃的催化还原脱氯研究 ［J］. 环境科学, 2004, 23 (6): 631~635.

［40］Farrell J, Kason M, Melitas N, et al. Investigation of the long-term performance of zero-valent iron for reductive dechlorination of trichloroethylene ［J］. Environmental Science & Technology, 2000, 34 (3): 514~521.

7 纳米铁强化复合技术在水污染治理的应用

7.1 引言

    自 1997 年 Zhang 等[1]首次合成并应用纳米级零价铁（Nano Zero-Valent Iron，简称 NZVI）去除氯代有机污染物以来，围绕 NZVI 的改性及其去除多种污染物的相关研究在近十几年内已被大量报道[2~5]。但 NZVI 技术对难降解有机物（如染料、有机氯农药）的去除率较低，且形成的部分中间产物或终产物毒性有所增加[6]，而 NZVI 强化复合技术是解决上述问题的有效途径。所谓复合技术是通过 NZVI 和其他技术的协同作用，即纳米铁初步还原污染物，并结合其他技术对前期还原产物进一步氧化或促进电子转移来阻止纳米铁的钝化，从而将污染物高效矿化的一种联合处理技术。NZVI 强化复合技术去除污染物的主要优势在于，其不仅能彻底将难降解物质转化为无毒的小分子产物（如 CO_2、H_2O 等），还可促进电子的转移，极大地提高反应速率和降低反应成本[7,8]。

    纳米铁强化复合技术因对难降解污染物具有较高的矿化性能，在近十几年受到广泛关注。纳米铁强化复合技术主要包括纳米铁强化复合技术，包括纳米铁/芬顿技术、纳米铁/电化学技术、纳米铁/二氧化钛光催化技术及纳米铁/生物技术等，复合技术优点是可提高试剂使用率、降低反应成本，但是其应用于大规模废水处理研究还较少。纳米铁强化复合技术可应用于降解典型环境污染物（卤代有机物、硝基芳香化合物、染料和硝酸盐等），复合技术的实际工程应用效果体现在，对废水中污染物的去除明显提高。改进反应试剂投加方式和开展复合技术应用于低碳卤代烃等难降解污染物的去除，成为其在水污染治理领域的研究方向，同时要建立降解机制数据库。

7.2 NZVI 强化复合技术分类

7.2.1 NZVI／Fenton 复合技术

7.2.1.1 NZVI/非均相 Fenton 复合技术

    由于均相 Fenton 技术存在以下问题[9,10]：（1）反应需控制在酸性条件中（pH <5），故需消耗大量的酸来调节溶液；（2）生成大量含有 Fe^{3+} 的污泥，既

浪费了资源又造成对环境的危害；（3）反应过程中，需不断加入 Fe^{2+} 试剂，容易造成 Fe^{2+} 的损失。为解决以上问题，NZVI 强化的非均相 Fenton 技术得以迅速发展起来。

NZVI 在反应过程中失电子生成 Fe^{2+}，所生成 Fe^{2+} 促进 H_2O_2 分解生成 OH·，实现对污染物的非均相 Fenton 氧化[11~14]，机理如式（7-1）~式（7-5）。

$$Fe^0 - 2e \longrightarrow Fe^{2+} \tag{7-1}$$

$$Fe^0 + 2H^+ \longrightarrow Fe^{2+} + H_2 \tag{7-2}$$

$$Fe^{2+} + H_2O_2 \longrightarrow Fe^{3+} + OH^- + OH· \tag{7-3}$$

$$OH· + HOCs/NACs \longrightarrow C_xH_yO_z/CO_2 + H_2O + X/NH_3 \tag{7-4}$$

$$2Fe^{3+} + Fe^0 \longrightarrow 3Fe^{2+} \tag{7-5}$$

也有报道称在不同 pH 条件下，后期发挥氧化作用的物质为 $Fe(\text{IV})$，或 OH·和 $Fe(\text{IV})$ 两者共同起氧化作用[15,16]。如 Katsoyiannis 等[15] 考察 ZVI 去除 As（Ⅲ），结果表明有 O_2 存在且 pH > 5 时，起氧化作用的是 $Fe(\text{IV})$。

相较传统 Fenton 技术，NZVI/非均相 Fenton 复合技术有如下优势[17,18]：

（1）pH 应用范围较广且成本低，同时 NZVI 在反应过程中可连续释放 Fe^{2+}，从而降低酸消耗量和 Fe^{2+} 投加量；

（2）NZVI 对污染物实现前期还原，生成的中间还原产物进一步被氧化成对环境无害的小分子物质；

（3）体系产生的 Fe^{3+} 和 Fe^0 反应生成 Fe^{2+}，促进催化剂 Fe^{2+} 的循环和减少 Fe^{3+} 污泥产生。

有关 NZVI/Fenton 复合技术处理污染物的优化实验条件、降解性能等总结归纳于表 7-1。Li 等[11] 用 NZVI/非均相 Fenton 复合技术降解对氯硝基苯（p-ClNB），其反应路径如图 7-1 所示。

（1）p-ClNB 被 NZVI 还原，且被还原的中间产物经过一系列反应生成对氯苯胺；

（2）对氯苯胺被 OH·逐步氧化生成小分子有机酸（$C_xH_yO_z$）、CO_2 和 H_2O 等。Moon 等[18] 研究 NZVI/非均相 Fenton 复合技术去除偶氮染料橙黄Ⅱ（Orange Ⅱ），在 60min，含有 NZVI 的非均相 Fenton 体系能实现对 Orange Ⅱ的彻底脱色，且其矿化效率是同样条件下单独 NZVI 体系的 20.38 倍，达到 53%。

7.2.1.2 NZVI/非均相 Fenton 复合技术与辅助技术联用

NZVI/非均相 Fenton 复合技术与相关辅助手段联用可提高对污染物的降解效率。如将 NZVI 负载于固体材料上或在反应过程中加入超声波（Ultrasonic，简称 US）以强化 NZVI 的分散，或施加紫外光（Ultraviolet，简称 UV）促进 NZVI 的腐蚀等[10,20~23]。Shu 等[20] 用 NZVI/Fenton/UV 复合技术去除偶氮染料酸性黑 24（AB24），120min 时，对 AB24 去除效率和矿化效率分别为 99% 和 91.5%。

表 7 - 1　NZVI/Fenton 复合技术降解典型环境污染物的效率

技术对比	污染物	浓度	操作条件			降解性能		参考文献
			NZVI	H₂O₂	pH 值	去除效率/%	矿化效率/%	
NZVI/Fenton	CMP	0.70mmol/L	0.50g/L	3mmol/L	6.1	100	63	[8]
NZVI	CMP	0.70mmol/L	1g/L	—	6.1	9		
NZVI/Fenton	AMX	50mg/L	500mg/L	6.60mmol/L	3	86.5	—	[9]
NZVI	AMX	50mg/L	500mg/L	—	3	25.2		
NZVI/Fenton/UV/电	苯酚	200mg/L	0.50g/L	500mg/L	6.2	100		[10]
NZVI/Fenton	苯酚	200mg/L	0.50g/L	500mg/L	6.2	65.7		
NZVI/Fenton	p-ClNB	60mg/L	268.80mg/L	4.90mmol/L	3	100		[11]
NZVI	p-ClNB	60mg/L	448mg/L		3	75		
Fe₃O₄-RGO-NZVI/Fenton	MB	50mg/L	0.10g/L	0.80mmol/L	3	98	46.80	[12]
NZVI/Fenton	MB	50mg/L	0.10g/L	0.80mmol/L	3	79		
NZVI	MB	50mg/L	0.10g/L	—	3	5		
NZVI/Fenton	4-CP	100mg/L	0.40g/L	9.79mmol/L	3	100	37	[13]
NZVI	4-CP	100mg/L	0.40g/L		3	15		
膨润土-NZVI/Fenton	RZ B-NG	100mg/L	112mg/L	8mmol/L	3	92.7	57.80	[17]
NZVI/Fenton	RZ B-NG	100mg/L	56mg/L	8mmol/L	4.8	45.8	—	
NZVI	RZ B-NG	100mg/L	56mg/L		4.8	13		
NZVI/Fenton	橙黄Ⅱ	0.30mmol/L	20mg/L	200mg/L	3	100	53	[18]
NZVI	橙黄Ⅱ	0.30mmol/L	20mg/L		3	95	2.60	
NZVI/Cu(Ⅱ)/Fenton	TCE	0.53mmol/L	153mmol/L	188mmol/L	3	95	—	[19]
NZVI/Fenton	TCE	0.53mmol/L	153mmol/L	188mmol/L	3	25		
NZVI	TCE	0.53mmol/L	153mol/L	—	3	7		
NZVI/Fenton/UV	AB24	100mg/L	0.33g/L	23.20mmol/L	7	99	91.50	[20]
NZVI	AB24	100mg/L	0.33g/L	—	7	97.5	53.80	
膨润土-NZVI/Fenton	2,4-DCP	100mg/L	1g/L	5mmol/L	3.0	99	—	[21]
膨润土-NZVI	2,4-DCP	100mg/L	1g/L	—	3.0	16.1		
NZVI/Fenton/US	COD	1160mg/L	0.60g/L	12.88mol/L	2	80	—	[22]

注："—"表示无此项。

　　Wang 等[23] 考察有序介孔碳（MC）负载的 NZVI-Cu/非均相 Fenton 复合技术处理酚类、染料和杀虫剂等 8 种难降解有机污染物（见图 7 - 2），12h 内对上述

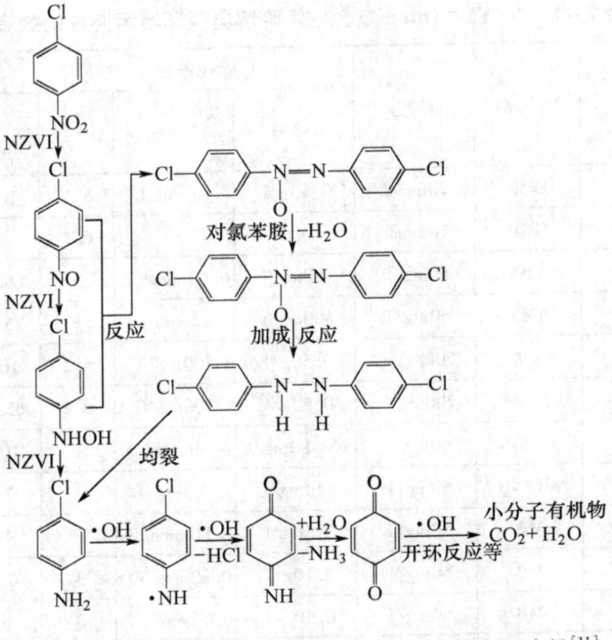

图 7-1　NZVI/Fenton 复合技术对 p-ClNB 的降解路径[11]

有机污染物矿化效率达到 66.3% 以上。然而，实际利用超声或紫外技术，需考虑超声处理的能耗以及紫外线灯制作、价格等问题。

利用弱磁场强化 NZVI 活性，可提高对污染物的矿化效率，同时能降低试剂成本和能量消耗[24,25]。Guan 等[25] 利用弱磁场/ZVI/Fenton 复合技术降解 4-硝基酚（4-NP），该体系产生的 OH· 浓度为没有弱磁场 ZVI/Fenton 体系 3 倍，施加弱磁场的 ZVI/Fenton 复合体系在 60min 内可完全降解 4-NP。

虽然 NZVI/Fenton 复合技术相对传统均相 Fenton 技术优势显著，但该技术目前尚处于实验研究阶段，如何提高 OH· 对目标污染物的选择性是今后该技术应用于实际工业废水处理的研究重点。

7.2.2　NZVI/电化学复合技术

虽然电化学技术降解污染物具有操作简单，选择性较高等优点[26,27]。但所用贵金属电极成本高且该技术对固态污染物降解效率较低[28,29]，因此单独应用电化学技术处理水体污染物并不能满足实际的环境需求。

据报道 NZVI/电化学复合技术不仅能阻止 Fe^0 的钝化、阳极惰性电极腐蚀和促进阴极 H_2 产生，且 O_2 存在时，NZVI 的腐蚀能使阴极进行非均相 Fenton 反应产生 OH·[29~31]，提高对目标污染物的矿化效率。该体系反应机理为：

（1）在电解质溶液中，阳极 Fe^0/Fe^{2+} 失电子还原污染物，阴极 Fe^{3+} 得电子

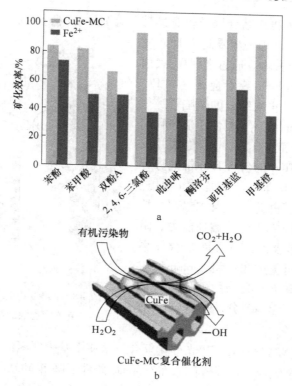

图 7 - 2　MC-NZVI-Cu/Fenton 复合技术对不同有机污染物的矿化效率及降解机理图[23]

a—矿化效率；b—降解机理

被还原为 Fe^{2+}，加速 Fe^{2+} 的循环，同时促进了反应过程中电子的转移；

（2）有氧条件下，阳极 Fe^0 失电子生成 Fe^{2+}，阴极 O_2 得电子生成 H_2O_2，促进非均相 Fenton 反应的发生。

Zhu K R 等[29] 以 NZVI/电化学复合技术降解 2，4-二氯苯氧乙酸（2，4-D）（见图 7 - 3），4h 内对 2，4-D 降解效率达到 99.7%，而单独应用 NZVI 对 2，4-D 几乎不会降解。Zhu 等[31] 用复合技术降解对硝基酚（PNP），得出以下结论：

（1）酸性条件下，体系中主要存在四种反应机制：电化学氧化、Fenton 氧化、Fe^0 的氧化还原和铁氢氧化物的混凝吸附作用，且各反应机制占比分别为 39.1%、28.5%、17.8% 和 14.6%；

（2）碱性条件下，对 PNP 降解发挥主要作用的基团是由阳极一系列电化学氧化形成的高价铁物质如 FeO^{2+} 和 FeO_4^{2-}。

7.2.3　NZVI/TiO₂ 光催化复合技术

半导体光催化剂 TiO_2 价格低、稳定性好、光催化活性较高[32,33]，然而光辐射产生 e 和 h⁺ 能够再次结合以及较宽禁带的存在等缺陷[34,35]，进一步限制了 TiO_2 应用于多种污染物的去除。通过在 TiO_2 表面涂上过渡金属（如 Fe）或贵金属（如 Pt）能够弥补其 e 和 h⁺ 再次结合的缺陷[35~37]。且 NZVI/TiO_2 光催化复合技术可充分利用 NZVI 的强还原性和 TiO_2 强光催化性并发挥协同作用，如 TiO_2 的价带和导带电势分别为 3.0eV 和 -0.2eV，可提供 e 促进 Fe^{3+} 氧化成 Fe^{2+}，并进一步生成 Fe^0。故一方面可以提高 Fe^{2+}/Fe^0 的循环能力、阻止 NZVI 钝化膜形成，另一方面复合体系形成的过量 Fe^{2+} 可促进非均相 Fenton 反应的发生，提高对有机污染物的氧化降解程度，同时 TiO_2 起着分散 NZVI 的作用[34,38~40]。

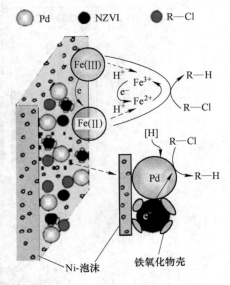

图 7-3　NZVI/电化学复合技术对 2,4-二氯苯氧乙酸的脱氯机理图[29]

　　Yun 等[34] 用 NZVI/TiO_2/UV 光催化复合技术使甲基橙偶氮染料（MO）在 1h 的惰性气氛下完全脱色，该复合体系在有无 O_2 条件下降解 MO 的机理见图 7-4：惰性气氛下，MO 被 NZVI 还原和 OH·氧化，同时 TiO_2 光催化产生的 e 可以还原 Fe^{3+} 生成 Fe^{2+}，既降低了 e 和 h⁺ 重新结合的机率，又可提高 NZVI 对有机物的还原去除率。Liu 等[38] 在 NZVI/TiO_2/UV 光催化复合技术降解 2，4-二氯酚（2，4-DCP）的研究中得出，反应时间 2h，该复合技术对 2，4-DCP 的降解效率和矿化效率分别达到 97% 和 71%，是单独 TiO_2 光催化和 NZVI 技术对污染物降解效率的 1.97~2.09 倍。

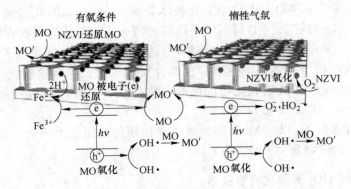

图 7-4　O_2 或 N_2 气氛下，NZVI/TiO_2 光催化复合技术
对甲基橙偶氮染料降解机理模型图[34]

NZVI/TiO₂ 光催化复合技术呈现良好的应用前景，但是合成 NZVI-TiO₂ 复合材料所使用的试剂仍然存在一定的负面效应，且 TiO₂ 禁带宽度为 3.2eV，这也导致其进行光催化反应时只能吸收紫外光，而限制了低成本太阳光的广泛应用。

7.2.4 NZVI/生物复合技术

NZVI/生物复合技术在近些年发展较迅速。由于 NZVI 失电子使污染物部分还原，微生物进一步利用原污染物或还原产物为碳源或能源进行自身的新陈代谢，且前期 Fe⁰ 腐蚀产生的 H₂ 和 Fe²⁺ 可改善微生物的活性，进而对污染物达到协同降解[41~43]。夏宏彩等[41]利用海藻酸钙固定化的 NZVI/*Thauera Phenylacetica* 微生物复合技术去除高氯酸盐，14 天内对高氯酸盐去除效率是单独应用 NZVI 和 *Thauera Phenylacetica* 微生物体系的 2.27~3.57 倍。然而由于 NZVI 腐蚀形成的 Fe²⁺ 和活性氧基团（ROS）对微生物具有不良影响[44~46]，对该复合技术的研究目前只停留于理论阶段。

虽然上述四种复合技术在近些年都得到广泛的研究，但对各种复合技术降解污染物的机理还没有统一的认识。相对来说，NZVI/Fenton 复合技术发展相对较为成熟。由于后期非均相 Fenton 体系能直接利用 NZVI 腐蚀产生的 Fe²⁺，弥补传统均相 Fenton 技术存在的不足，同时该复合技术所用试剂的绿色无污染特性，以及对污染物较高的矿化效率，使得从事不同 NZVI 强化复合技术研究的大多数学者更青睐于 NZVI/Fenton 复合技术，这也使得该复合技术在未来实际的工程应用方面呈现良好的前景。

7.3 NZVI 强化复合技术降解典型环境污染物的应用

7.3.1 卤代有机物

卤代有机物（HOCs/RX）在工业上具有广泛应用，它们多数难降解并对环境中包括人类在内的生物存在潜在的"三致效应"（致癌、致畸、致突变）[6,19,47]。NZVI 已经广泛应用于环境中有机卤化物的去除。然而部分卤代有机物不完全降解形成的中间产物常常表现出对生物更大的毒性，这也限制了 NZVI 的进一步应用[48]。研究表明，NZVI 强化复合技术能够有效矿化含卤有机污染物，其与 RX 反应机理为：NZVI 通过对污染物加氢脱卤或还原脱卤，使 RX 部分或完全转变为不含卤的有机中间产物（RH），同时在反应过程中形成的 OH· 可将 RX/RH 氧化成 $C_xH_yO_z$、CO_2 和 H_2O 等[7,11,49]。而在 NZVI/生物复合技术中，微生物能够逐步利用 NZVI 还原体系产生的活性氢为电子来源及 RX/RH 为碳源或能源进一步促进对有机物的降解[50]。

　　Zhang 等[49]利用 ZVI-碳/电化学复合技术降解 2，4-二氯酚（2，4-DCP）（见图 7-5），120min，复合体系对 2，4-DCP 降解效率和矿化效率分别为 95% 和 47.5%。KIM 等[50]利用 NZVI/*Sphingomonas* sp. PH-07 微生物复合技术可彻底降解十溴联苯醚，产物为对环境危害性较低的小分子有机酸。

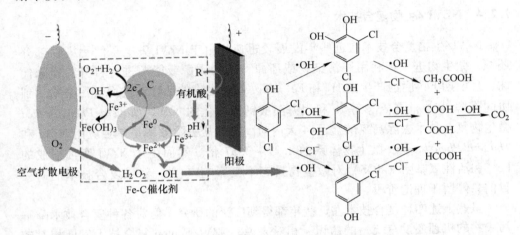

图 7-5　ZVI-碳/电化学复合技术对 2，4-DCP 降解机理和路径图[49]

　　目前，复合技术降解卤代有机物的研究多集中在含氯有机物上，而对溴化有机物和氟化有机物的相关研究还较少。故在今后，对含溴和含氟有机污染物降解机理的研究也是众多学者努力的方向。

7.3.2　硝基芳香化合物

　　硝基芳香化合物（NACs）广泛用作炸药和染料中间物的合成，大多数硝基有机物具有较高的毒性，即使低浓度下仍然会对包括人类在内的生物产生潜在的致癌性[51~53]。研究表明，由于硝基基团的存在，传统处理技术包括生物处理、化学氧化很难有效地降解硝基有机物[54]。但 NZVI 强化复合技术通过前期 Fe^0 对硝基基团的还原，及后期的化学氧化表现出对芳香族硝基化合物较高的降解效率[55,56]。从 Li 和 Shen 等[11,56,57]对 NACs 的降解研究中可得出，复合技术与 NACs 反应机理见式（7-6）~式（7-9）。

$$Fe^0 + RNO_2 + 2H^+ \longrightarrow Fe^{2+} + RNO + H_2O \tag{7-6}$$

$$Fe^0 + RNO + 2H^+ \longrightarrow Fe^{2+} + RNHOH \tag{7-7}$$

$$Fe^0 + RNHOH + 2H^+ \longrightarrow Fe^{2+} + RNH_2 + H_2O \tag{7-8}$$

$$RNH_2 + OH \cdot \longrightarrow NH_3 + H_2O + CO_2/C_xH_yO_z \tag{7-9}$$

　　Zhu 等[55]考察不同粒径的 NZVI/生物复合技术降解对氯硝基苯（p-ClNB），发现 NZVI/生物复合技术对 p-ClNB 的降解效率是相同条件下单独生物技术的

1.5～5.7 倍。Barreto-Rodrigues 等[57]考察 ZVI/Fenton 复合技术去除 2，4，6-三硝基甲苯，COD 去除率 95.5%，且污染物毒性降低了 95%。

7.3.3 染料

虽然之前研究表明 NZVI 技术适用于处理染料废水，然而该技术并不能将染料有效矿化。NZVI 强化复合技术可以弥补单独应用 NZVI 对染料的低矿化效率等问题，其降解染料机理[12,58,59]为：NZVI 和染料反应使—N =N—键等发色基团破裂分解，或促进染料的小分子片段的分离，未降解染料及其中间产物被后期反应体系进一步氧化或还原为小分子物质。Yang 等[12]利用 Fe_3O_4-RGO 负载的 NZVI/Fenton 复合技术降解染料亚甲基蓝，60min 对染料的去除效率达 98.0%，矿化效率为 46.8%，而单独应用 NZVI 对染料的去除效率仅 5%。

7.3.4 硝酸盐

近年来，NZVI 强化复合技术去除硝酸盐（NO_3^-）也得到了广泛的研究[36,60]。如 Pan 等[36]考察 NZVI/TiO_2/UV 光催化复合技术去除 NO_3^-，发现在 30min，复合技术对 NO_3^- 的去除效率达到 95%，且大约有 40% 的 NO_3^- 转化为 N_2，而单独 NZVI 体系生成 N_2 的 NO_3^- 比例只有 10%。虽然复合技术能够显著提高产物 N_2 含量，然而由于形成的氨氮对水体的污染较大，故复合技术去除硝酸盐仍然存在一定的缺陷。如何大幅提高 N_2 的生成比例，也是今后众多学者所面对的挑战。

NZVI 强化复合技术除用于上述典型环境污染物去除外，还可用于抗菌药物如阿莫西林[10]以及重金属或类金属的去除[61,62]，具有广泛的应用。

7.4　纳米铁强化复合技术的实际工程应用

实际工程应用方面，对这些复合技术的研究还较少。Chen 等[9]用 NZVI/Fenton 复合技术降解被抗菌药阿莫西林（AMX）污染的废水，结果显示，在 60min，复合技术对 AMX 的降解效率达到 80.5%。Ma 等[63]利用 ZVI/生物复合技术对工业废水分别进行小试试验、中试试验及工程试验处理研究，不同规模试验对废水的处理结果见表 7 - 2，与单独生物处理技术相比，ZVI/生物复合技术中试试验 BOD、COD、氨氮、总磷去除和脱色效率分别提高了 1.24 倍、1.22 倍、5.53 倍、1.83 倍和 1.20 倍。复合技术中试试验反应装置见图 7 - 6。

由于实际水体污染成分相对较复杂，有些成功用于实验室模拟废水处理的复合技术并不适用于实际污染地下水或工业废水的处理。因此，今后对 NZVI 复合技术应用于实际水体的研究，还需不断进行探索和尝试。

表7-2　ZVI/生物复合技术与单独生物技术对废水处理效果[63]

废水处理	去除率/%				
	BOD	COD	NH_3—N	P	颜色
生物技术	76.2	73.3	13.4	43.8	51.8
工程试验	87.1	78.9	84.8	64.4	80.4
中试试验	94.1	89.4	74.1	80.0	62.0
小试试验	87.2	81.8	90.0	63.1	69.0

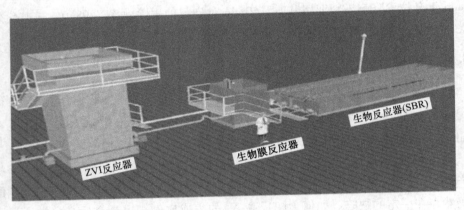

图7-6　ZVI/生物复合技术中试试验装置示意图[63]

7.5　纳米铁强化复合技术展望

综上所述，NZVI强化复合技术不仅能够应用于环境中多种难降解污染物的高效去除，同时还可将污染物矿化为对环境无害的小分子物质，显著降低污染物对环境和人体的危害，呈现良好的应用前景。

NZVI强化复合技术今后研究重点和应用的方向为：研究复合技术应用于实际地下水的小型原位或异位工程修复试验，以复合技术作为工业废水的预处理并结合后续的生物处理过程，提高降解效率和降低工程操作成本。改进反应试剂的投加方式，以顺序投加替代多种试剂共同投加，从而降低复合技术所用试剂投加成本和提高其反应效率。开展NZVI复合技术应用于更多种类污染物的去除，重点针对低碳卤代烃等难降解染物的研究，并建立相应的降解机制数据库。

参 考 文 献

［1］ Wang C B, Zhang W X. Synthesizing nanoscale iron particles for rapid and complete dechlorination of TCE and PCBs ［J］. Environmental Science & Technology, 1997, 31 (7): 2154~2156.

［2］ 庞龙, 周庆祥, 苏现伐. 纳米零价铁修饰技术研究进展 ［J］. 化工进展, 2011, 30 (6): 1361~1368.

［3］ Su Y M, Adeleye A S, Zhou X F, et al. Effects of nitrate on the treatment of lead contaminated groundwater by nanoscale zerovalent iron ［J］. Journal of hazardous materials, 2014, 280: 504~513.

［4］ 张环. 负载型纳米铁铜二元金属的合成与改性及其修复地下水中有机氯污染物的基础研究 ［D］. 天津: 南开大学, 2006.

［5］ Yang J C, Wang X Y, Zhu M P, et al. Investigation of PAA/PVDF-NZVI hybrids for metronidazole removal: synthesis, characterization, and reactivity characteristics ［J］. Journal of hazardous materials, 2014, 264: 269~277.

［6］ Wang Y W, Liu H X, Zhao C Y, et al. Quantitative structure-activity relationship models for prediction of the toxicity of polybrominated diphenyl ether congeners ［J］. Environmental Science & Technology, 2005, 39 (13): 4961~4966.

［7］ Parshettig K, Doong R A. Synergistic effect of nickel ions on the coupled dechlorination of trichloroethylene and 2, 4-dichlorophenol by Fe/TiO_2 nanocomposites in the presence of UV light under anoxic conditions ［J］. Water Research, 2011, 45 (14): 4198~4210.

［8］ Xu L J, Wang J L. A heterogeneous Fenton-like system with nanoparticulate zero-valent iron for removal of 4-chloro-3-methyl phenol ［J］. Journal of Hazardous Materials, 2011, 186 (1): 256~264.

［9］ Zha S X, Cheng Y, Gao Y, et al. Nanoscale zero-valent iron as a catalyst for heterogeneous Fenton oxidation of amoxicillin ［J］. Chemical Engineering Journal, 2014, 255: 141~148.

［10］ Babuponnusami A, Muthukumar K. Removal of phenol by heterogenous photo electro Fenton-like process using nano-zero valent iron ［J］. Separation and Purification Technology, 2012, 98: 130~135.

［11］ Li B Z, Zhu J. Removal of p-chloronitrobenzene from groundwater: effectiveness and degradation mechanism of a heterogeneous nanoparticulate zero-valent iron (NZVI) -induced Fenton process ［J］. Chemical Engineering Journal, 2014, 255: 225~232.

［12］ Yang B, Tian Z, Zhang L, et al. Enhanced heterogeneous Fenton degradation of methylene blue by nanoscale zero valent iron (nZVI) assembled on magnetic Fe_3O_4/reduced graphene oxide ［J］. Journal of Water Process Engineering, 2015, 5: 101~111.

［13］ Yin X C, Liu W, Nij R. Removal of coexisting Cr (VI) and 4-chlorophenol through reduction and Fenton reaction in a single system ［J］. Chemical Engineering Journal, 2014, 248: 89~97.

［14］ 罗斯. 还原—氧化两步处理法降解水中典型溴代阻燃剂的研究 ［D］. 南京: 南京大

学，2011.

[15] Katsoyiannis I A, Ruettimann T, Hug S J. pH Dependence of fenton reagent generation and As (Ⅲ) oxidation and removal by corrosion of zero valent iron in aerated water [J]. Environmental Science & Technology, 2008, 42 (19)：7424~7430.

[16] Lee C H, Sedlak D L. Enhanced formation of oxidants from bimetallic nickel-iron nanoparticles in the presence of oxygen [J]. Environmental Science & Technology, 2008, 42 (22)：8528~8533.

[17] Kerkez D V, Tomašević D D, Kozma G, et al. Three different clay-supported nanoscale zero-valent iron materials for industrial azo dye degradation：a comparative study [J]. Journal of the Taiwan Institute of Chemical Engineers, 2014, 45 (5)：2451~2461.

[18] Moon B H, Park Y B, Park K H. Fenton oxidation of Orange II by pre-reduction using nanoscale zero-valent iron [J]. Desalination, 2011, 268 (1~3)：249~252.

[19] Choi K H, Lee W J. Enhanced degradation of trichloroethylene in nano-scale zero-valent iron Fenton system with Cu (Ⅱ) [J]. Journal of Hazardous Materials, 2012, 211~212：146~153.

[20] Shu H Y, Chang M C, Chang C C. Integration of nanosized zero-valent iron particles addition with UV/H_2O_2 process for purification of azo dye Acid Black 24 solution [J]. Journal of Hazardous Materials, 2009, 167 (1~3)：1178~1184.

[21] 黄超, 余兵, 李任超, 等. 有机膨润土负载纳米零价铁还原-类芬顿氧化降解 2, 4-二氯苯酚 [J]. 环境工程学报, 2015, 9 (8)：3643~3649.

[22] Taha M R, Ibrahim A H. Characterization of nano zero-valent iron (nZVI) and its application in sono-Fenton process to remove COD in palm oil mill effluent [J]. Journal of Environmental Chemical Engineering, 2014, 2 (1)：1~8.

[23] Wang Y B, Zhao H Y, Zhao G H. Iron-copper bimetallic nanoparticles embedded within ordered mesoporous carbon as effective and stable heterogeneous Fenton catalyst for the degradation of organic contaminants [J]. Applied Catalysis B：Environmental, 2015, 164：396~406.

[24] Xiong X M, Sun Y K, Sun B, et al. Enhancement of the advanced Fenton process by weak magnetic field for the degradation of 4-nitrophenol [J]. RSC Advance, 2015, 5：13357~13365.

[25] Guan X H, Sun Y K, Qin H J, et al. The limitations of applying zero-valent iron technology in contaminants sequestration and the corresponding countermeasures：the development in zero-valent iron technology in the last two decades (1994~2014) [J]. Water Research, 2015, 75：224~248.

[26] Wallace L, Cronin M P, Day A I, et al. Electrochemical method applicable to treatment of wastewater from nitrotriazolone production [J]. Environmental Science & Technology, 2009, 43 (6)：1993~1998.

[27] 李德生, 范太兴, 申彦冰, 等. 污水处理厂尾水的电化学脱氮技术 [J]. 化工学报, 2013, 64 (3)：1084~1090.

[28] Yeung A T, Gu Y Y. A review on techniques to enhance electrochemical remediation of contaminated soils [J]. Journal of Hazardous Materials, 2011, 195：11~29.

［29］ Zhu K R, Sun C, Chen H, et al. Enhanced catalytic hydrodechlorination of 2, 4-dichlorophe-noxyacetic acid by nanoscale zero valent iron with electrochemical technique using a palladium/nickel foam electrode ［J］. Chemical Engineering Journal, 2013, 223: 192~199.

［30］ 梅涛, 刘娟, 李金坡, 等. 纳米铁/碳纳米管复合氧阴极电-Fenton 降解 RhB ［J］. 化工进展, 2007, 26 （8）: 1166~1169.

［31］ Zhu X P, Ni. R. The improvement of boron-doped diamond anode system in electrochemical degradation of p-nitrophenol by zero-valent iron ［J］. Electrochimica Acta, 2011, 56 （28）: 10371~10377.

［32］ Fujishima A, Zhang X T. Titanium dioxide photocatalysis: present situation and future approa-ches ［J］. Comptes Rendus Chimie, 2006, 9 （5~6）: 750~760.

［33］ Sun B, Reddy E P, Smimiotis P G. Visible light Cr（VI）reduction and organic chemical oxi-dation by TiO_2 photocatalysis ［J］. Environmental Science & Technology, 2005, 39 （16）: 6251~6259.

［34］ Yun D M, Cho H H, Jang J W, et al. Nano zero-valent iron impregnated on titanium dioxide nanotube array film for both oxidation and reduction of methyl orange ［J］. Water Research, 2013, 47 （5）: 1858~1866.

［35］ 盛国栋, 李家星, 王所伟, 等. 提高 TiO_2 可见光催化性能的改性方法 ［J］. 化学进展, 2009, 21 （12）: 2492~2504.

［36］ Pan J R, Huang C, Hsieh W P, et al. Reductive catalysis of novel TiO_2/Fe^0 composite under UV irradiation for nitrate removal from aqueous solution ［J］. Separation and Purification Tech-nology, 2012, 84: 52~55.

［37］ 吴伟, 李燕春, 郑名, 等. 高性能可见光 Pt/TiO_2 光催化材料的制备与性能研究 ［J］. 功能材料, 2015, 46 （8）: 8072~8076.

［38］ Liu L F, Chen F, Yang F L, et al. Photocatalytic degradation of 2, 4-dichlorophenol using nanoscale Fe/TiO_2 ［J］. Chemical Engineering Journal, 2012, 181~182: 189~195.

［39］ Gharagozlou M, Bayati R. Photocatalytic characteristics of single phase Fe-doped anatase TiO_2 nanoparticles sensitized with vitamin B12 ［J］. Materials Research Bulletin, 2015, 61: 340~347.

［40］ 武日雷, 姜远光, 费学宁, 等. 介孔 TiO_2 负载纳米铁催化剂的制备及降解特性 ［J］. 天津城建大学学报, 2015, 21 （2）: 120~124.

［41］ 夏宏彩, 李铁龙, 李宁, 等. 固定化纳米铁/微生物小球去除高氯酸盐性能 ［J］. 高校化学工程学报, 2012, 26 （4）: 667~673.

［42］ An Y, Li T L, Jin Z H, et al. Wang. Decreasing ammonium generation using hydrogenotrophic bacteria in the process of nitrate reduction by nanoscale zero-valent iron ［J］. The Science of The total environment, 2009, 407 （21）: 5465~5470.

［43］ Kim Y M, Murugesan K, Chang Y Y, et al. Degradation of polybrominated diphenyl ethers by a sequential treatment with nanoscale zero valent iron and aerobic biodegradation ［J］. Journal of Chemical Technology and Biotechnology, 2012, 87: 216~224.

［44］ Kumar N, Omoregie E O, Rose J, et al. Bastiaens. Inhibition of sulfate reducing bacteria in aquifer sediment by iron nanoparticles [J]. Water Research, 2014, 51: 64~72.

[45] Wu D L, Shen Y H, Ding A Q, et al. Effects of nanoscale zero-valent iron particles on biological nitrogen and phosphorus removal and microorganisms in activated sludge [J]. Journal of Hazardous Materials, 2013, 262: 649~655.

[46] 沈燕红. 纳米铁添加协同生物脱氮除磷效果及其对微生物的影响 [D]. 杭州: 浙江大学, 2014.

[47] Rahman M F, Peldszus S, Anderson W B. Behaviour and fate of perfluoroalkyl and polyfluoroalkyl substances (PFASs) in drinking water treatment: a review [J]. Water Research, 2014, 50: 318~340.

[48] Liang D W, Yang Y H, Xu W W, et al. Nonionic surfactant greatly enhances the reductive debromination of polybrominated diphenyl ethers by nanoscale zero-valent iron: mechanism and kinetics [J]. Journal of Hazardous Materials, 2014, 278: 592~596.

[49] Zhang C, Zhou M H, Ren G B, et al. Heterogeneous electro-Fenton using modified iron-carbon as catalyst for 2, 4-dichlorophenol degradation: influence factors, mechanism and degradation pathway [J]. Water Research, 2015, 70: 414~424.

[50] Kim Y M, Murugesan K, Chang Y Y, et al. Degradation of polybrominated diphenyl ethers by a sequential treatment with nanoscale zero valent iron and aerobic biodegradation [J]. Journal of Chemical Technology & Biotechnology, 2012, 87 (2): 216~224.

[51] Fu F L, Dionysiou D D, Liu H. The use of zero-valent iron for groundwater remediation and wastewater treatment: a review [J]. Journal of Hazardous Materials, 2014, 267: 194~205.

[52] Yin W Z, Wu J H, Li P, et al. Reductive transformation of pentachloronitrobenzene by zero-valent iron and mixed anaerobic culture [J]. Chemical Engineering Journal, 2012, 210: 309~315.

[53] 姜楠, 曲媛媛, 曹同川, 等. 硝基芳香化合物的微生物降解研究进展 [J]. 环境科学与技术, 2009, 32 (3): 67~73.

[54] Keum Y S, Li Q X. Reduction of nitroaromatic pesticides with zero-valent iron [J]. Chemosphere, 2004, 54 (3): 255~263.

[55] Zhu L, Lin H Z, Qi J Q, et al. Effect of H_2 on reductive transformation of p-ClNB in a combined ZVI-anaerobic sludge system [J]. Water Research, 2012, 46 (19): 6291~6299.

[56] Shen J Y, Ou C J, Zhou Z Y, et al. Pretreatment of 2, 4-dinitroanisole (DNAN) producing wastewater using a combined zero-valent iron (ZVI) reduction and Fenton oxidation process [J]. Journal of Hazardous Materials, 2013, 260: 993~1000.

[57] Barreto-Rodrigues M, Silva F T, Paiva T C B. Combined zero-valent iron and fenton processes for the treatment of Brazilian TNT industry wastewater [J]. Journal of Hazardous Materials, 2009, 165 (1~3): 1224~1228.

[58] Devil L G, Kumar S G, Reddy K M, et al. Photo degradation of methyl orange an azo dye by advanced Fenton process using zero valent metallic iron: influence of various reaction parameters and its degradation mechanism [J]. Journal of Hazardous Materials, 2009, 164 (2~3): 459~467.

［59］ Li W W, Zhang Y, Zhao J B, et al. Synergetic decolorization of reactive blue 13 by zero-valent iron and anaerobic sludge［J］. Bioresource Technology, 2013, 149: 38 ~ 43.

［60］ 王玉焕, 廉新颖, 李秀金, 等. 纳米铁与微生物联合去除地下水中的 NO_3-N［J］. 环境工程学报, 2015, 9（4）: 1625 ~ 1630.

［61］ Yuan C, Chiang T S. The mechanisms of arsenic removal from soil by electrokinetic process coupled with iron permeable reaction barrier［J］. Chemosphere, 2007, 67（8）: 1533 ~ 1542.

［62］ Kumar N, Chaurand P, Rose J, et al. Synergistic effects of sulfate reducing bacteria and zero valent iron on zinc removal and stability in aquifer sediment［J］. Chemical Engineering Journal, 2015, 260: 83 ~ 89.

［63］ Ma L M, Zhang W X. Enhanced biological treatment of industrial wastewater with bimetallic zero-valent iron［J］. Environmental Science & Technology, 2008, 42（15）: 5384 ~ 5389.

附 录

符号说明

CMC——MCcarboxymethyl cellulose，羧甲基纤维素

CTAB——TABetyltrimethylammonium bromide，十六烷基三甲基溴化胺

DCECE——dichloroethylene，二氯乙烯

DiCB——diCBichlorobiphenyl，二氯苯

m-DCB——m-DCBdichlorobiphenyl，m-二氯苯

2,4-DCP——2,4-DCPdichlorophenol，2,4-二氯苯酚

DDT——DTdichlorodiphenyltrichloroethane，滴滴涕

DPC——PC odecylpyridinium chloride，十二烷基氯化吡啶

EG——ethylene glycol，乙二醇

NOM——natural organic matter，天然有机物

PAA——polyacrylic acid，聚丙烯酸

PBDE——pentabromodiphenyls，溴化联苯乙醚

PCB——polychlorinated biphenyl，多氯联苯

PCDD——polychlorinated dibenzo-p-dioxin，多氯二苯-p-二噁英

PCD——polychlorinated dibenzofuran，聚氯双苯唑呋喃

PCE——tetrachloroethylene，四氯乙烯

PEG——polyethylene glycol，聚乙二醇

PMMA——poly（methylmethacrylate），聚甲基丙烯酸甲酯

PVDF——polyvinylidene fluoride，聚偏氟乙烯

PVP——polyvinlpnolidone，聚乙烯吡咯烷酮

SDS——sodium dodecylsulfate，十二烷基硫酸钠

TCE——trichloroethylene，三氯乙烯

124TCB——1,2,4-trichlorobenzene，1,2,4-三氯苯

VC——vinylchloride，氯乙烯

AB24——Acid Black 24，偶氮染料：酸性黑24

AMX——amoxicillin，阿莫西林

BOD——biochemical oxygen demand，生化需氧量

CMP——4-chloro-3-methyl phenol，4-氯-3-甲基苯酚

COD——chemical oxygen demand，化学需氧量

4-CP——4-chlorophenol，4-氯酚

$C_xH_yO_z$——小分子有机物

2，4-D——2，4-dichlorophenoxyacetic acid，2，4-二氯苯氧乙酸

2，4-DCP——2，4-dichlorophenol，2，4-二氯酚

HOCs——halogenated organic compounds，卤代有机物

MB——methylene blue，亚甲基蓝染料

MO——methyl orange，甲基橙偶氮染料

NACs——nitroaromatic compounds，硝基芳香化合物

NH_3-N——氨氮

p-CINB——p-chloronitrobenzene，对氯硝基苯

P——总磷

PNP——p-nitrophenol，对硝基酚

RZ B-NG——industrial azo dye：Rosso Zetanyl B-NG，工业偶氮染料

RGO——reduced graphene oxide，还原氧化石墨烯

TCE——trichloroethylene，三氯乙烯

US——ultrasonic，超声波

UV——ultraviolet，紫外光

X——卤元素

冶金工业出版社部分图书推荐

书　名	作　者				定价(元)
安全生产与环境保护	张丽颖	等主编			24.00
大气环境容量核定方法与案例	王罗春	周振	赵由才	主编	29.00
氮氧化物减排技术与烟气脱硝工程	杨飏	编著			29.00
地下水保护与合理利用	龚斌	编著			32.00
废水是如何变清的	顾莹莹	李鸿江	赵由才	主编	32.00
分析化学	张跃春	主编			39.00
氟利昂的燃烧水解技术	宁平	高红	刘天成	著	35.00
复合散体边坡稳定及环境重建	李示波	李占金	张艳博	著	38.00
复杂地形条件下重气扩散数值模拟	宁平	孙昴	侯明明	著	29.00
高硫煤还原分解磷石膏的技术基础	马林转	等编著			25.00
海洋与环境	孙英杰	黄尧	赵由才	主编	42.00
合成氨弛放气变压吸附提浓技术	宁平　陈玉保　陈云华　杨皓　著				22.00
环境补偿制度	李利军	等著			29.00
环境材料	张震斌	杜慧玲	唐立丹	编著	30.00
环境地质学(第2版)	陈余道	蒋亚萍	朱银红	主编	29.00
环境工程微生物学(第2版)	林海	主编			49.00
环境工程微生物学实验指导	姜彬慧	李亮	方萍	编著	20.00
环境工程学	罗琳	颜智勇	主编		39.00
环境规划与管理实务	李天昕	主编			45.00
环境监测与分析	黄兰粉	主编			32.00
环境污染物毒害及防护	李广科	云洋	赵由才	主编	36.00
环境影响评价	王罗春	主编			49.00
环境与可持续发展	马林转	王红斌	刘潢红	等编著	29.00
黄磷尾气催化氧化净化技术	王学谦	宁平	著		28.00
可持续发展	崔亚伟	梁启斌	赵由才	主编	39.00
可持续发展概论	陈明	等编著			25.00
矿山环境工程(第2版)	蒋仲安	主编			39.00
能源利用与环境保护	刘涛	顾莹莹	赵由才	主编	33.00
能源与环境	冯俊小	李君慧	主编		35.00
日常生活中的环境保护	孙晓杰	赵由才	主编		28.00
生活垃圾处理与资源化技术手册	赵由才	宋玉	主编		180.00
水污染控制工程(第3版)	彭党聪	主编			49.00
西南地区砷富集植物筛选及应用	宁平	王海娟	著		25.00
亚/超临界水技术与原理	关清卿	宁平	谷俊杰	著	49.00
冶金过程废水处理与利用	钱小青	葛丽英	赵由才	主编	30.00
冶金企业安全生产与环境保护	贾继华	白珊	张丽颖	主编	29.00
有机化学(第2版)	聂麦茜	主编			36.00
噪声与电磁辐射	王罗春	周振	赵由才	主编	29.00